花卉技术大系

国家重点保护珍稀濒危野生花卉

主编　周长娥

中国海洋大学出版社

· 青岛 ·

图书在版编目（CIP）数据

国家重点保护珍稀濒危野生花卉 / 周长娥主编.
青岛：中国海洋大学出版社，2024.6. -- ISBN 978-7
-5670-3890-5

Ⅰ. Q949.4

中国国家版本馆 CIP 数据核字第 20240DM275 号

书　　名	国家重点保护珍稀濒危野生花卉		
	GUOJIA ZHONGDIAN BAOHU ZHENXI BINWEI YESHENG HUAHUI		
出版发行	中国海洋大学出版社		
社　　址	青岛市香港东路 23 号	邮政编码	266071
出 版 人	刘文菁		
网　　址	http://pub.ouc.edu.cn		
电子邮箱	2627654282@qq.com		
订购电话	0532 - 82032573（传真）		
责任编辑	赵孟欣	电　　话	0532 - 85901092
印　　制	青岛海蓝印刷有限责任公司		
版　　次	2024 年 6 月第 1 版		
印　　次	2024 年 6 月第 1 次印刷		
成品尺寸	185 mm × 260 mm		
印　　张	21.5		
字　　数	394 千		
定　　价	268.00 元		

发现印装质量问题，请致电 0532-88785354，由印刷厂负责调换。

《国家重点保护珍稀濒危野生花卉》
编 委 会

主　　编：周长娥

副主编：王爱清　阳文龙　马福强　王学芳

主　　审：陈红武

顾　　问：张兴平

编写人员（按姓氏笔画排序）

于　斌	马玉霞	马丽琨	王　允	王　芳	王爱清
王学芳	王世庆	王孜禾	王晓梅	朱一明	朱彤丹
刘文龙	刘宝敬	孙伟霞	孙鸿健	阳文龙	吴卓斌
冷　岩	沙科洋	张　映	陈　利	周长娥	周俊英
庞成才	房　燕	孟繁林	胡国峰	胡增娟	高军生
崔青山	康　洁	董　红	傅景敏	曾锦东	蔡巍巍

前 言

PREFACE

　　《国家重点保护珍稀濒危野生花卉》是"花卉技术大系"六册之一，是一部技术科普著作。本书从 2021 年版"国家重点保护野生植物名录"中，精选了 145 种兼具观赏、生态、经济、开发价值的花卉，适用于生态保护、休闲农业、林下生产、园林景观应用以及家庭盆栽欣赏，内容主要涵盖物种简介、分布生境、形态特征、生长习性、保护级别、主要价值、繁育技术等方面，并附有 145 种花卉图片。本书旨在成为花卉技术科普图书工具书，同时也可作为花卉、园林及生态保护从业人员的专业技术手册，为读者和花卉园艺爱好者提供助益和方便。

　　"花卉技术大系"全套共六册，分别为《食药用花卉》《国家重点保护珍稀濒危野生花卉》《芳香花卉》《庭院花卉与球根花卉》《盆栽花卉与兰科花卉》《切花与花艺》。

　　本书部分图片由广东省农业科学院环境园艺研究所徐晔春老师提供，在此特别致谢。本书在编写过程中参考了《中国植物志》《中药大辞典》等文献资料，由于编者水平有限，书中可能存在疏漏和不妥之处，恳请读者予以批评指正，以便在后续再版时进行修订、完善。

编　者

2024 年 4 月

6 白 及 | 14

7 大黄花虾脊兰 | 17

8 美花卷瓣兰 | 19

9 香花指甲兰 | 21

10 金线兰属 | 23

11 独花兰 | 25

18 莲瓣兰 | 40

19 美花兰 | 42

20 文山红柱兰 | 45

21 云南杓兰 | 47

22 杓　兰 | 49

23 扇脉杓兰 | 51

30 金钗石斛 | 66

31 鼓槌石斛 | 68

32 曲茎石斛 | 70

33 钩状石斛 | 72

34 兜唇石斛 | 74

35 翅萼石斛 | 76

42 聚石斛 | 90

43 美花石斛 | 92

44 肿节石斛 | 94

45 球花石斛 | 96

46 翅梗石斛 | 98

47 大苞鞘石斛 | 100

54 小叶兜兰 | 114

55 紫纹兜兰 | 116

56 带叶兜兰 | 118

57 硬叶兜兰 | 121

58 文山鹤顶兰 | 124

59 罗氏蝴蝶兰 | 126

66 钻喙兰 | 140

67 大花万代兰 | 142

68 太行花 | 144

69 山楂海棠 | 146

70 锡金海棠 | 148

71 银粉蔷薇 | 150

78 玫　瑰 | 164

79 滇牡丹 | 167

80 杨山牡丹 | 169

81 紫斑牡丹 | 171

82 白花芍药 | 173

83 白菊木 | 175

90 长白红景天 | 189

91 大花红景天 | 191

92 云南红景天 | 193

93 大叶木兰 | 195

94 鹅掌楸 | 197

95 广东含笑 | 199

102 七子花 | 213

103 匙叶甘松 | 215

104 雪白睡莲 | 217

105 夏蜡梅 | 219

106 沙冬青 | 221

107 甘 草 | 223

114 新疆紫草 | 237

115 石生黄堇 | 239

116 久治绿绒蒿 | 241

117 红花绿绒蒿 | 243

118 马蹄香 | 245

119 七叶一枝花 | 247

126 土沉香 | 261

127 金荞麦 | 263

128 珙 桐 | 265

129 瓣鳞花 | 267

130 秤锤树 | 269

131 莼 菜 | 271

138 鹿角蕨 | 286

139 苏铁蕨 | 288

140 荷叶铁线蕨 | 290

141 笔筒树 | 292

142 黑桫椤 | 294

1
青岛百合

物种简介

青岛百合（*Lilium tsingtauense*）是百合科百合属多年生草本植物。

分布生境

原产于中国山东省和安徽省,自然生长在山东半岛崂山山脉海拔 100～1 000 米区域内的杂木林或低矮灌木、草丛中的略有荫蔽处。朝鲜也有分布。

形态特征

鳞茎近球形;鳞片披针形,白色,无节;叶轮生,矩圆状倒披针形、倒披针形至椭圆形,先端急尖,基部宽楔形,具短柄,两面无毛;苞片叶状,披针形;花橙黄色或橙红色,有紫红色斑点;花被片长椭圆形,蜜腺两边无乳头状突起;花丝无毛,花药橙黄色;子房圆柱形;花期 6 月,果期 8 月。

生长习性

青岛百合鳞茎更新能力弱,寿命较短,适应性也较差,但极耐寒,是良好的遗传育种资源。气温 10 ℃以上不再生新根,开花期随意移植成活率很低。喜富含腐殖质的土壤,喜阴,不耐曝晒。

保护级别

国家二级重点保护野生植物。

🌀 主要价值

观赏：适合于林下空地、岩石旁和草地边缘片植或丛植，开花时婀娜多姿、娇艳动人。盆栽或插花摆放公共场所大堂厅室，优雅柔美。

食用：鳞茎可食。百合的鳞茎含丰富淀粉质，可作为蔬菜食用，别具风味。

药用：鳞茎入药，有润肺止咳、清心安神之功效。主治结核久咳、痰中带血、虚烦惊悸、心神恍惚、神经衰弱、失眠等。

🌱 繁育技术

一般可采用播种、分株、扦插、组培等方式进行繁育。

播种：将种子放入 30 ℃～40 ℃的温水中搅拌，种子吸水下沉后，捞出，放进湿沙中搅拌，并在 20 ℃恒温下进行催芽。催芽过程中定期喷水，保持沙子湿润，15～20 天可陆续发芽。用草炭土∶蛭石∶珍珠岩按 1∶1∶1 比例混合制作基质，播种前将基质进行暴晒或者熏蒸消毒。将发芽后的种子播入基质中，覆盖基质在 1 厘米左右厚度，保持土壤含水量 30%～40%，温度 25 ℃左右，需要 40～50 天出苗。出苗后用遮阴网（遮光率 80%左右）进行遮阴。

分株：青岛百合的子球生长多为更新生长，即子球发生代替母球生长。自然种群中也有子球增殖方式，子球由根盘、内部基根、地下茎、散开或是断裂的鳞片基部等部位发生。

扦插：将外层斑锈干枯鳞片剥去，取饱满白净鳞片，用多菌灵浸泡1小时，捞出自然晾干1～2天，插入草炭土、蛭石、珍珠岩比例为1∶1∶1的苗床土中，保持适宜温度和土壤湿润，3～4周即可长出小球。

组培：青岛百合组织培养技术已经非常成熟，目前产业化生产关键在于移栽练苗提高成活率。比例为1∶1∶1的草炭土∶蛭石∶珍珠岩是青岛百合组培苗较理想的移栽基质。

2
绿花百合

物种简介

绿花百合（*Lilium fargesii*）是百合科百合属中国特有植物。

分布生境

产云南省、四川省、湖北省和陕西省。生于海拔 1 400～2 250 米的山坡林下。

形态特征

鳞茎卵形，高约 2 厘米，直径约 1.5 厘米；鳞片披针形，长 1.5～2 厘米，宽约 6 毫米，白色。茎高 20～70 厘米，粗 2～4 毫米，具小乳头状突起。叶散生，条形，生于中上部，长

10～14 厘米，宽 2.5～5 毫米，先端渐尖，边缘反卷，两面无毛。花单生或数朵排成总状花序；苞片叶状，长 2.3～2.5 厘米，顶端不加厚；花梗长 4～5.5 厘米，先端稍弯；花下垂，绿白色，有稠密的紫褐色斑点；花被片披针形，长 3～3.5 厘米，宽 7～10 毫米，反卷，蜜腺两边有鸡冠状突起；花丝长 2～2.2 厘米，无毛，花药长矩圆形，长 7～9 毫米，宽约 2 毫米，橙黄色；子房圆柱形，长 1～1.5 厘米，宽约 2 毫米；花柱长 1.2～1.5 厘米，柱头稍膨大，3 裂。蒴果椭球形，长约 2 厘米，宽约 1.5 厘米。花期 7—8 月，果期 9—10 月。

🔆 生长习性

喜凉爽、湿润的环境,生长在山坡草丛中、疏林下,对土壤要求不严,但在肥沃、排水良好的土壤中生长得更加茁壮。

🌿 保护级别

国家二级重点保护野生植物。

✏️ 主要价值

观赏: 绿花百合是中国特有植物,气味芳香,观赏性强,开发利用价值较高,是百合品种选育的重要资源。

药用: 鳞茎入药,富含黄酮和甾体皂苷类,具有润肺、止咳、养心等功效。

🌱 繁育技术

一般采用鳞片扦插进行繁育。

扦插基质以疏松、透气并且透水的土壤为佳,一般是采用河沙、蛭石、泥炭土等混合制作。选择生长得比较健壮的种球,将其清理干净,将健康饱满的鳞片一层层剥下来,在剥鳞片的时候要注意,鳞片上面要带有一些茎盘,这样有利于生根。剥下来的鳞片需要先放在多菌灵药剂中浸泡消毒,放在通风处晾干。将鳞片扦插到土壤里,扦插后要立即喷水,保持土壤湿润。半个月后,鳞片即可生根;一个月后,即可长出小种球。

3

荞麦叶大百合

物种简介

荞麦叶大百合（*Cardiocrinum cathayanum*）是百合科大百合属多年生草本植物。

分布生境

产湖北省、河南省、湖南省、江西省、浙江省、安徽省、福建省、江苏省和陕西省。生于海拔 600～1 050 米山坡林下阴湿处。

形态特征

多年生草本。鳞茎高约 2.5 厘米，直径 1.2～1.5 厘米。茎高 50～150 厘米，直径 1～2 厘米。除基生叶外，约离茎基部 25 厘米处开始有茎生叶，最下面的几枚常聚集在一处，其余散生；叶纸质，具网状脉，卵圆状心形或卵圆形，先端急尖，基部近心形，长 10～22 厘米，宽 6～16 厘米，上面深绿色，下面淡绿色；叶柄长 6～20 厘米，基部扩大。总状花序有花 3～5 朵；花梗短而粗，向上斜伸，每花具 1 枚苞片；苞片矩圆形，长径 4～5.5 厘米，短径 1.5～1.8 厘米；花狭喇叭形，乳白色或淡绿色，内具紫色条纹；花被片条状倒披针形，长 13～15 厘米，宽 1.5～2 厘米，外轮的先端急尖，内轮的先端稍钝；花丝长 8～10 厘米，花丝长为花被片长的 2/3，花药长 8～9 毫米；子房圆柱形，长 3～3.5 厘米，直径 5～7 毫米；花柱长 6～6.5 厘米，柱头膨大，微 3 裂。蒴果近球形，长径 4～5 厘米，短径 3～3.5 厘米，红棕色。种子扁平，红棕色，周围有膜质翅。花期 5—7 月，果期 8—9 月。

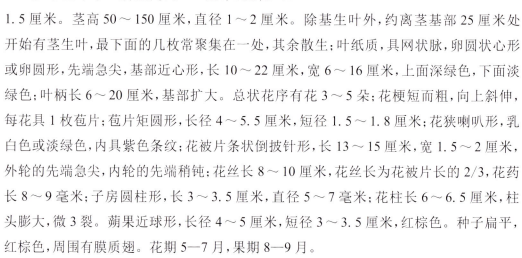

⚙ 生长习性

荞麦叶大百合喜湿润、冷凉，有一定遮阴的环境，不耐强光直射。一般生长在海拔 600～1 050 米的陡坡上，生境附近一般有山涧、溪流，空气湿度很大。能忍受当地极端最低气温 −10 ℃。喜富含有机质，透水性好的土壤。

保护级别

国家二级重点保护野生植物。

主要价值

观赏：荞麦叶大百合株姿挺拔，叶色碧绿油亮，花大、洁白、具淡淡的香气；可盆栽装饰室堂，可点缀花坛花境，亦可群植形成壮观、宏大的园林场景，也可作切花栽培。

食用：鳞茎是一种营养成分丰富的野生蔬菜，属高纤维可食蔬菜资源。

药用：荞麦叶大百合果实入药，具有清肺、平喘、止咳的功效；可用于肺虚咳嗽、百日咳、呕吐、乳痈、疮疔肿毒的治疗。

🌱 繁育技术

荞麦叶大百合一般采用鳞片扦插进行繁育。

扦插基质以疏松、透气并且透水的土壤为佳，一般是采用河沙、蛭石、泥炭土等混合制作。选择生长比较健壮的种球，将其清理干净，将健康饱满的鳞片一层层剥下来，

在剥鳞片的时候要注意，鳞片上面要带有一些茎盘，这样有利于生根。剥下来的鳞片需要先放在多菌灵药剂汇中浸泡消毒，放在通风处晾干。将鳞片扦插到土壤里，扦插后要立即喷水，保持土壤湿润。半个月后，鳞片即可生根；1 个月后，即可长出小种球。

4

贝母属

物种简介

百合科贝母属（*Fritillaria*）植物,有 60 余种,分布于北半球温带地区,尤以中亚、地中海沿岸和北美洲最多。

分布生境

贝母属主要分布于北半球温带地区,特别是地中海区域、北美洲和亚洲中部。我国产 20 种和 2 个变种,除广东省、广西壮族自治区、福建省、台湾地区、江西省、内蒙古自治区、贵州省外,其他省区均有分布,新疆维吾尔自治区和四川省的野生种类最多。喜生河滩、草坡、砾石缝或林下。

形态特征

多年生草本;鳞茎深埋土中,外有鳞茎皮,通常由 2～3 枚白粉质鳞片组成(鳞片内生有 2～3 对小鳞片),较少由多枚鳞片及周围许多米粒状小鳞片组成,前者鳞茎近卵形或球形,后者常多少呈莲座状。茎直立,不分枝,一部分位于地下。基生叶有长柄;茎生叶对生、轮生或散生,先端卷曲或不卷曲,基部半抱茎。花通常钟形,俯垂,辐射对称,少有稍两侧对称,单朵顶生或多朵排成总状花序或伞形花序,具叶状苞片;花被片矩圆形、近匙形至近狭卵圆形,常靠合,内面近基部有一凹陷的蜜腺窝;雄蕊 6 枚,花药近基着或背着,2 室,内向开裂;花柱 3 裂或近不裂;柱头伸出于雄蕊之外;子房 3 室,每

室有2纵列胚珠,中轴胎座。蒴果具6棱,棱上常有翅,室背开裂。种子多数,扁平,边缘有狭翅。

🌼 生长习性

从种子萌发到开花结果,一般要4～5年时间。喜冷凉湿润气候,耐寒,忌炎热干燥。

🌼 保护级别

所有种均为国家二级重点保护野生植物。

🌼 主要价值

观赏:贝母属植物的花婀娜多姿、绚丽斑斓、形态奇特,而且有些种花香馥郁,沁人心脾。近年来,以观赏为目的,用于庭院种植或容器栽培,布置环境,使贝母属植物的观赏价值得到很好的开发利用。有些种类如伊贝母和平贝母属于早春植物,是中国北方地区早春花卉及园林绿化美化的优良种质资源;而浙贝母宜在林下栽培,适合阴生环境的绿化。

药用:贝母属绝大多数种类的鳞茎可供药用,统称"贝母",有清热润肺、化痰止咳之功效。

🌱 繁育技术

一般采用种子播种和鳞茎分球方式进行繁育。

种子播种: 通常6—7月间采收贝母种子,11月下旬至12月上旬播种。可撒播,亦可条播,但以条播为佳。播种后应覆盖稻草,一般三年后收获。

鳞茎栽植: 通常7—9月收获时,选择无创伤和病斑的鳞茎作种球,按行距20厘米开沟,株距3~4厘米栽植。栽后覆土5~6厘米,压紧镇平。需要保持土壤湿润,尤其是炎热的夏季,干旱时要及时浇水。在遇到大雨时也要做好排水工作,避免出现积水烂根。并注意适量追肥,一般3年后收获。

5

郁金香属

物种简介

百合科郁金香属（*Tulipa*）植物，约有 150 种，我国有 15 种，本属植物花大、鲜艳，常作庭园花卉栽培。

分布生境

郁金香属产于亚洲、欧洲及北非，以地中海至中亚地区为最丰富。通常生于平原和低山地带，仅少数种分布到亚高山和高山带，在我国郁金香主产于新疆维吾尔自治区。

形态特征

郁金香属植物是具鳞茎的多年生草本，鳞茎外有多层干的薄革质或纸质的鳞茎皮，外层的色深，呈褐色或暗褐色，内层色浅，呈淡褐色或褐色，上端有时上延抱茎。茎少分枝，直立，下部埋于地下。叶通常 2～6 枚，互生，彼此疏离或紧靠，极少 2 叶对生，叶条形、长披针形或长卵圆形，伸展或反曲，边缘平展或波状。花较大，多色，通常单朵顶生而呈花葶状，直立，少数花蕾俯垂；花被钟状或漏斗形钟状；花被 6 片，离生，易脱落。蒴果椭球形或近球形。种子扁平，近三角形。花期 4 月，果期 5 月。

生长习性

郁金香属由于分布区域不同，不同种的习性差异较大，大多喜冷凉气候，耐寒，不耐热，喜干燥环境，不耐湿。

保护级别

所有种均为国家二级重点保护野生植物。

主要价值

观赏：郁金香属是世界著名的球根花卉，还是优良的切花品种，因其色彩丰富、花形优雅，成为最有价值的观赏植物之一，在欧美被视为胜利和美好的象征，是阿富汗、匈牙利、荷兰、土耳其和吉尔吉斯斯坦等国家的国花。

繁育技术

郁金香本种繁育方式参考栽培种，通常采用分球方式进行繁育。

土壤：郁金香对种植土壤要求既保水又透气，pH 6～7为宜。盆栽宜选择由腐叶土、细河沙、珍珠岩、蘑菇渣混合制成的营养土。也可用泥炭、腐熟土和沙以1∶1∶1混合作为栽培基质。

种植：种植时以长效肥作基肥，种球尖凸的部分朝上，用土浅覆表层，铺平，浇上充足的水分。

光照：充足的阳光照射对郁金香的生长是必需的，光照不足，会导致植株生长不良,引起落芽,植株变弱,叶色变浅及花期缩短。但郁金香上盆后半个月时间内,应适当遮光,以利于种球发新根。发芽时,花芽的伸长受光照的抑制,遮光后,能够促进花芽的伸长,防止前期营养生长过快,徒长。出苗后应增加光照,促进植株拔节,形成花蕾并促进着色。后期花蕾完全着色后,应防止阳光直射,延长开花时间。

温度:郁金香对温度极为敏感,即使是花瓣紧闭的郁金香,只要是放在温暖的地方,就会开始绽放。而若要延长花期,只需将它摆在凉爽且湿度低的场所,越冷花期越长。在 4 ℃的低温下,花期可长达 1 个月。

浇水:种植后应浇透水,使土壤和种球能够充分紧密结合,有利于生根。出芽后应适当控水,待叶渐伸长,可在叶面喷水,增加空气湿度。抽花薹期和现蕾期要保证充足的水分供应,以促使花朵充分发育。开花后,适当控水。

施肥:郁金香对肥料的要求不高,如果生长势弱,可以施加一些氮肥。当根系发育良好后,可适量施用硝酸钙肥。

6

白 及

物种简介

白及(*Bletilla striata*)是兰科白及属多年生草本球根植物。

分布生境

产陕西省、甘肃省、江苏省、安徽省、浙江省、江西省、福建省、湖北省、湖南省、广东省、广西壮族自治区、四川省和贵州省。生于海拔 100～3 200 米的常绿阔叶林下、栎树林或针叶林下、路边草丛或岩石缝中。朝鲜半岛和日本也有分布。

形态特征

白及株高 18～60 厘米，假鳞茎扁球形；茎粗壮；叶 4～6 枚，披针形或宽披针形，长 8～29 厘米，宽 1.5～4 厘米，先端渐尖，基部收狭成鞘并抱茎，叶子边缘平滑或近于平滑。花序具 3～10 朵花，常不分枝；花苞片长圆状披针形，长 2～2.5 厘米；花大，紫红色或粉红色；萼片和花瓣近等长，狭长圆形，长径 25～30 毫米，短径 6～8 毫米；花瓣较萼片稍宽；唇瓣较萼片和花瓣稍短，倒卵状椭圆形，长径 23～28 毫米，白色带紫红色，具紫色脉；蕊柱长 18～20 毫米，柱状，具狭翅。花期 4—5 月。

生长习性

白及较耐寒，耐阴，忌强光直射，喜温暖阴湿的环境。

保护级别

国家二级重点保护野生植物。

主要价值

观赏：白及的花朵清新雅致，能在阴暗的环境中开花，可在室外种植形成园林景观，也可作盆栽和切花观赏。

药用：白及块茎入药，具有收敛止血、消肿生肌、预防伤口感染等诸多功效。

繁育技术

整地：宜选择肥力充足、疏松透气的土壤。深翻 25 厘米以上，每亩施入腐熟的厩肥 1 000 千克，也可撒施三元复合肥 50 千克，再旋耕使土和肥料拌均匀，把土整细耙平，做宽 1.3～1.5 米的高畦，四周挖好排水沟以防雨涝。

播种：若采用种子繁殖，须选择熟透的果实、成熟的种子。将种子均匀撒在地上，然后用细土覆盖，深度 1～2 厘米。若采用块茎繁殖，选用当年生具有嫩芽的块茎作种，芽眼多萌芽多。块茎大者生长更好，过小则出芽苗很小，宜分大小等级分别地块栽培，以方便管理。将块茎以 20～30 厘米的行距进行种植，深度为 5～10 厘米。播种后保持土壤湿润，利于发芽。

光照：白及喜充足的阳光照射，但夏季需要一定的遮阴，避免强光曝晒。

温度：白及是广温性植物，温度 −3 ℃～40 ℃均能生长，适宜生长温度 15 ℃～25 ℃。

浇水：白及喜潮湿的环境，需要保持土壤湿润，干旱时要及时浇水，尤其是到了炎热的夏季，宜每天早上浇水 1 次。由于白及根系比较容易出现烂根病，遇到大雨时要及时排水。

施肥：白及喜肥，需要肥沃的土壤，宜采用腐熟的农家有机肥进行追肥，每年 1～2 次；每月往白及叶片上喷洒 1 次磷酸二氢钾。

中耕：种植白及过程中很容易长草，所以要及时中耕除草，注意在白及休眠后做好杂草防治工作。种植第 1～2 年，每年要除草 4～6 次。在白及长出嫩叶之前，通过乙草胺封闭。待白及长出土后，要采用人工除草方式，4 月中期时彻底除草，5～6 月进行除草追肥，9 月前要再次进行除草 2～3 次。长到第 3～4 年，杂草的数量会显著降低，每年除草 2 次即可。临近采收时切记不要使用化学除草剂，这时白及块茎成熟，避免造成药残影响收成。

采收：白及种植 2 年后，9—10 月地上茎枯萎时，将块茎单个摘下，带芽的当年嫩块茎可留作种苗，老块茎去除泥沙，进行加工。

7
大黄花虾脊兰

物种简介

大黄花虾脊兰(*Calanthe sieboldii*)是兰科虾脊兰属植物。

分布生境

原产中国台湾地区北部和湖南省西南部。琉球群岛也有分布。生于山地林下。

形态特征

大黄花虾脊兰假鳞茎小,具2～3枚叶和5～7枚鞘。叶宽椭圆形,长径45～60厘米,短径9～15厘米,先端具短尖,基部收狭为较长的柄。花葶长40～50厘米;总状花序长6～15厘米,无毛,疏生约10朵花;花苞片披针形,长约1厘米,先端渐尖;花梗和子房长约1.2厘米;花大,鲜黄色,稍肉质;中萼片椭圆形,长2.7～3厘米,宽1.2～1.5厘米,先端锐尖;侧萼片斜卵圆形,比中萼片稍小,先端锐尖。花瓣狭椭圆形,长约2.4厘米,宽约9.5毫米,先端锐尖,基部收窄;唇瓣基部与整个蕊柱翅合生,平伸,3深裂,近基部处具红色斑块并具有2排白色短毛;侧裂片斜倒卵圆形或镰状倒卵圆形,长约1.5厘米,宽约8毫米,先端圆钝;中裂片近椭圆形,长约1.3厘米,宽约9毫米,先端具1短尖;唇盘上具5条波状龙骨状脊,中央3条较长;距长8毫米,内面被毛;蕊柱粗短,长约5毫米。花期2—3月。

生长习性

喜温暖湿润和阳光充足环境。较耐寒,耐半阴,不耐干旱和高温,夏季宜凉爽,要求疏松肥沃和排水良好的腐叶土或泥炭苔藓土。

保护级别

国家一级重点保护野生植物。

主要价值

观赏：大黄花虾脊兰的株型大气，花色纯正，花形美丽，既适合盆栽观赏，也适合露地栽培，可作为景观植物。

繁育技术

大黄花虾脊兰繁育方式与国兰相似，通常采用分株方式进行繁育。

8

美花卷瓣兰

物种简介

美花卷瓣兰（*Bulbophyllum rothschildianum*）是兰科石豆兰属草本植物。

分布生境

原产于中国云南省南部和印度东北部。生于海拔 1 550 米的山地密林中树干上。

形态特征

美花卷瓣兰根状茎粗 5～7 毫米，密被短的筒状鞘，其上疏生假鳞茎。假鳞茎卵球形，中部粗约 3 厘米，顶生 1 枚叶，基部被鳞片状鞘，干后金黄色，表面光滑稍带光泽。叶厚、革质，近椭圆形，通常长径 9～10 厘米，中部直径 2～2.5 厘米，先端钝并且稍凹入，基部楔形，具长约 1 厘米的柄。花葶长 20～24 厘米，伞形花序具 4～6 朵花；花序柄粗约 4 毫米，花苞片披针形，长约 1 厘米，先端渐尖；花梗和子房长 2 厘米；花大，淡紫红色；中萼片卵形，舟状，不包括先端的细尾，长约 15 毫米，基部上方宽 7 毫米，先端急尖呈尾状，具 5 条脉，背面疏生乳突，边缘具流苏；侧萼片披针形，长 15～19 厘米，向先端急尖为长尾状，中部以下在背面密生疣状突起，基部上方扭转而两侧萼片上侧边缘彼此粘合为"合萼"；"合萼"在基部上方宽达 2 厘米。花瓣卵状三角形，长约 1 厘米，基部上方宽 4 毫米，中部以上骤然变狭为尾状，具 3 条脉，边缘与中萼片一样具流苏状毛；唇瓣肉质，舌状椭圆形，长径 1 厘米，后半部两侧对折，先端钝，基部与蕊柱足末端连接而形成活动关节,边缘和上面密生流苏状毛;蕊柱长 5 毫米;蕊柱翅在近蕊柱中部向前伸展呈三角形;蕊柱足长 7 毫米,其分离部分长 3 毫米;蕊柱齿近矩形,长约 2 毫米。

⚙ 生长习性

附生兰,喜阴,忌阳光直射,喜湿润,忌干燥,适宜生长温度 15 ℃～30 ℃。

🌾 保护级别

国家二级重点保护野生植物。

🪧 主要价值

观赏:美花卷瓣兰是石豆兰园艺杂交的著名母本,有"豆王"的称号,是世界上单花最长的兰花之一,具有较高的园艺价值。

🌱 繁育技术

一般采用分株和无菌播种方式进行繁育。

分株:春秋两季均可进行,一般每隔 3 年分株一次。基质通常为兰花专用土、经发酵的树皮、树叶、珍珠岩、植金石、陶粒、水苔等混合植料。分株前要减少灌水,使植料较干燥。上盆时,先以碎瓦片覆在盆底孔上,再铺上粗石子,占盆深度 1/5 至 1/4,再放粗粒植料及少量细植料,再用富含腐殖质的兰花专用土栽植。栽植深度以将假球茎刚刚埋入植料中为宜,浇透水,置阴处 10～15 天,保持潮湿。逐渐减少浇水,进行正常养护。

播种:选用未开裂的成熟果实,表面用 75% 的酒精灭菌后,取出种子,用 10% 次氯酸钠浸泡 5～10 分钟,再用无菌水冲洗 3 次,播于盛有培养基的无菌培养瓶内,放在暗培养室中,温度保持 25 ℃左右,萌动后再移至光下,形成原球茎。

9
香花指甲兰

🌷 物种简介

香花指甲兰（*Aerides odorata*）是兰科指甲兰属草本植物。

📍 分布生境

产中国广东省、云南省。广布于热带喜马拉雅至东南亚。生于山地林中树干上。

❋ 形态特征

茎粗壮。叶厚、革质，宽带状，长15～20厘米，宽2.5～4.6厘米，先端钝并且不等侧2裂，基部具关节和鞘。总状花序下垂，近等长或长于叶，密生许多花；花序柄粗壮，疏生少数鳞片状的鞘；花大，开展，直径约3厘米，芳香，白色带粉红色；花苞片宽卵圆形，比具柄的子房短得多，先端钝；中萼片椭圆形，长约1厘米，宽8毫米，先端圆钝，具4～5条主脉；侧萼片基部贴生在蕊柱足上，宽卵圆形，长约1.2厘米，宽约9毫米，先端钝，具4～5条主脉。花瓣近椭圆形，比中萼片稍小，先端钝，基部收狭；唇瓣着生于蕊柱足末端，3裂；侧裂片直立，较大，倒卵圆状楔形，长约1.5厘米，上端宽1厘米，先端圆钝，上缘具不整齐的齿；中裂片狭长圆形，长约1.2厘米，宽约3毫米，先端2裂；距狭角状，长约1厘米，向前弯曲；蕊柱粗短，长约5毫米，具长约9毫米的蕊柱足。花期5月。

生长习性

喜阴,忌阳光直射,喜湿润,忌干燥,适宜生长温度 15 ℃～30 ℃。

保护级别

国家二级重点保护野生植物。

主要价值

观赏:香花指甲兰花瓣俏丽,清雅优美,具有很高的观赏价值。

繁育技术

一般采用分株和无菌播种方式进行繁育。

分株:春秋两季均可进行,一般每隔 3 年分株 1 次。基质通常采用兰花专用土、经发酵的树皮、树叶、珍珠岩、植金石、陶粒、水苔等混合植料。选健壮密集植株进行分株,分株前要减少灌水,使植料较干燥。上盆时,先以碎瓦片覆在盆底孔上,再铺上粗石子,占盆深度 1/5 至 1/4,再放粗粒植料及少量细植料,再用富含腐殖质的兰花专用土栽植。栽植深度以将根茎连接处刚刚埋入植料中为宜,浇透水,置阴处 10～15 天,保持潮湿。逐渐减少浇水,进行正常养护。

播种:选用尚未开裂的成熟果实,用 75% 的酒精灭菌后,取出种子,用 10% 的次氯酸钠浸泡 5～10 分钟,再用无菌水冲洗 3 次,播于培养瓶内,然后置暗培养室中,温度保持 25 ℃左右,萌动后再移至光下,形成原球茎。

10
金线兰属

物种简介

金线兰属（*Anoectochilus*）是兰科下的一属地生兰植物。下面以金线兰（*Anoectochilus roxburghii*）为例介绍。

分布生境

产于浙江省、江西省、福建省、湖南省、广东省、海南省、广西壮族自治区、四川省、云南省、西藏自治区。生于海拔50～1 600米的常绿阔叶林下或沟谷阴湿处。日本、泰国、老挝、越南、印度、不丹至尼泊尔、孟加拉国也有分布。

形态特征

植株高8～18厘米。根状茎匍匐，伸长，肉质，具节，节上生根。茎直立，肉质，圆柱形，具2～4枚叶。叶片卵圆形或卵形，长1.3～3.5厘米，宽0.8～3厘米，上面暗紫色或黑紫色，具金红色带有绢丝光泽的美丽网脉，背面淡紫红色；叶柄长4～10毫米，基部扩大成抱茎的鞘。总状花序具2～6朵花，长3～5厘米；花序轴淡红色，花序梗具2～3枚鞘苞片；花苞片淡红色，卵状披针形或披针形，长6～9毫米，宽3～5毫米；花白色或淡红色；花瓣质地薄，近镰刀状；唇瓣长约12毫米，呈Y字形，基部具圆锥状距，前部扩大并2裂，其裂片近长圆形或近楔状长圆形，长约6毫米，宽1.5～2毫米，全缘，先端钝，中部收狭成长4～5的爪，其两侧各具6～8条长4～6毫米的流苏状细裂条,距长 5～6 毫米,上举指向唇瓣,末端 2 浅裂,内侧在靠近距口处具 2 枚肉质的胼胝体;蕊柱短,长约 2.5 毫米,前面两侧各具 1 枚宽、片状的附属物;花药卵形,长约 4 毫米;蕊喙直立,叉状 2 裂;柱头 2 个,离生,位于蕊喙基部两侧。花期 8—12 月。

生长习性

金线兰喜低光,通常生长在雨林中的隐蔽区域落叶杂质中。常现于靠近小溪流的沟壑中,以及堆积在岩石和苔藓垫上的垃圾中,湿度高的黑暗区域。喜排水良好、腐殖质较厚的土壤,pH 5.5～6。适宜生长温度 15 ℃～30 ℃。

保护级别

国家二级重点保护野生植物。

主要价值

观赏:叶面暗紫红色,具有金黄色脉网,纵横交错,非常美丽,观赏价值很高。

药用:全草入药,具有清热凉血、排毒养颜、降低血糖等功效。

繁育技术

通常采取组织培养进行繁育。

取生长健壮植株的幼嫩茎段,去叶,先用自来水冲洗干净,再用 75% 的酒精灭菌 5 秒,再用 0.1% 升汞灭菌 10 分钟,无菌水冲洗 5～6 次。将消毒好的材料在超净工作台上切成带 2～3 个腋芽的茎段,接在诱导培养基上。培养室温度 26 ℃ ±1 ℃。接种后 20 天左右开始萌动,继续培养 30 天,腋芽增殖为丛生芽。以后每 40 天转接一次,增殖系数可达 3.0 以上。经过多次继代的芽苗较细小,须经过壮苗培养 30～40 天,再转入促根培养。将促根后的苗连同培养瓶搬到阴凉通风处,经过 15 天的适应性炼苗,便可进行移栽。

11
独花兰

🌸 物种简介

独花兰(*Changnienia amoena*)是兰科独花兰属地生草本植物。

📍 分布生境

原产中国陕西省南部、江苏省、安徽省、浙江省、江西省、湖北省、湖南省和四川省等地。生于海拔 400～1 800 米的疏林下腐殖质丰富的土壤上或沿山谷荫蔽的地方。

❋ 形态特征

假鳞茎近椭圆形或宽卵球形,长 1.5～2.5 厘米,宽 1～2 厘米,肉质,近淡黄白色,有 2 节,被膜质鞘。叶 1 枚,宽卵状椭圆形至宽椭圆形,长 6.5～11.5 厘米,宽 5～8.2厘米;叶柄长 3.5～8 厘米。花葶长 10～17 厘米,紫色,具 2 枚鞘;花苞片小,凋落;花大,白色而带肉红色或淡紫色晕,唇瓣有紫红色斑点;萼片长圆状披针形,长 2.7～3.3厘米,宽 7～9 毫米。花瓣狭倒卵状披针形,长 2.5～3 厘米,宽 1.2～1.4 厘米;唇瓣略短于花瓣,3 裂,基部有距;侧裂片直立,斜卵状三角形,较大,宽 1～1.3 厘米;中裂片平展,宽倒卵状方形,先端和上部边缘具不规则波状缺刻;唇盘上在两枚侧裂片之间具5 枚褶片状附属物;距角状,稍弯曲,长 2～2.3 厘米,基部宽 7～10 毫米,向末端渐狭,末端钝;蕊柱长 1.8～2.1 厘米,两侧有宽翅。花期 4 月。

⚙ 生长习性

喜云雾多、湿度大、气温低的气候环境,较耐阴。喜有机质含量较高的酸性土壤,pH 4.5～5。夏天休眠,冬季生长,年生长期8个月左右。

✧ 保护级别

国家二级重点保护野生植物。

◎ 主要价值

观赏:独花兰花瓣有红色、紫色、白色等,花色艳丽。耐阴,适合家庭室内培养,植株矮小,形态美观,有较高的观赏性,是优良的盆栽野生花卉种质资源。

药用:全草可入药,具有清热,凉血,解毒之功效,主治咳嗽、湿疹疮毒、疥癣与蛇伤等。

科研:独花兰是中国特有单种属植物,不仅对兰科植物系统发育研究有一定的科研价值,也是珍贵的药用植物和潜在可开发的优良野生花卉资源。

❧ 繁育技术

独花兰通常采用分株法繁殖。春秋两季均可进行,一般每隔3年分株1次。凡植株生长健壮,假球茎密集的都可分株,分株后每丛至少要保存5个连结在一起的假球茎。分株前要减少灌水,使盆土较干。分株后上盆时,先以碎瓦片覆在盆底孔上,再铺上粗石子,占盆深度1/5至1/4,再放粗粒土及少量细土,然后用富含腐殖质的沙质壤土栽植。栽植深度以将假球茎刚刚埋入土中为宜,盆边缘留2厘米沿口,上铺翠云草或细石子,最后浇透水,置阴处10～15天,保持土壤潮湿。逐渐减少浇水,进行正常养护。

12
杜鹃兰

物种简介

杜鹃兰（*Cremastra appendiculata*）是兰科杜鹃兰属多年生地生草本植物。

分布生境

产山西省、陕西省、甘肃省、江苏省、安徽省、浙江省、江西省、台湾地区、河南省、湖北省、湖南省、广东省、四川省、贵州省、云南省和西藏自治区。生于海拔 500～2 900 米林下湿地或沟边湿地上。尼泊尔、不丹、印度、越南、泰国和日本也有分布。

形态特征

假鳞茎卵球形或近球形，长 1.5～3 厘米，直径 1～3 厘米。叶通常 1 枚，生于假鳞茎顶端，狭椭圆形、近椭圆形或倒披针状狭椭圆形，长 18～34 厘米，宽 5～8 厘米；叶柄长 7～17 厘米，下半部常为残存的鞘所包蔽。花葶从假鳞茎上部节上发出，近直立，长 27～70 厘米；总状花序长 5～25 厘米，具 5～22 朵花；花苞片披针形至卵状披针形，长 3～12 毫米；花梗和子房 3～9 毫米；花常偏花序一侧，多少下垂，不完全开放，有香气，狭钟形，淡紫褐色。花瓣倒披针形或狭披针形，长 1.8～2.6 厘米，上部宽 3～3.5 毫米；唇瓣与花瓣近等长，线形，上部 1/4 处 3 裂；侧裂片近线形，长 4～5 毫米，宽约 1 毫米；中裂片卵形至狭长圆形，长 6～8 毫米，宽 3～5 毫米，基部在两枚侧裂片之间具 1 枚肉质突起。蒴果近椭圆形，下垂，长 2.5～3 厘米，宽 1～1.3 厘米。花期 5—6 月，果期 9—12 月。

⚙ 生长习性

喜冷凉，不耐暑热。生长期需保持基质湿润，并适当遮阴。喜富含腐殖质排水性好的砂质壤土、腐叶土、含腐殖质较多的山土、微酸性的松土或含铁质的土壤，pH 5.5～6.5。

保护级别

国家二级重点保护野生植物。

主要价值

观赏：杜鹃兰可单株或几株一起栽植在花盆中，南方可种植在庭院里，有较高的观赏价值。

药用：杜鹃兰假鳞茎可入药，有消肿散结、清热解毒、化痰散结等功效，主要用于痈肿疔毒、瘰疬痰核、淋巴结结核、蛇虫咬伤等症。

🌱 繁育技术

一般采用分株方式进行繁育。

在春秋两季均可进行，一般每隔3年分株一次。凡植株生长健壮，假球茎密集的都可分株。分株前要减少灌水，使盆土较干。分株后上盆时，先以碎瓦片覆在盆底孔上，再铺上粗石子，占盆深度1/5至1/4，再放粗粒土及少量细土，然后用富含腐殖质的沙质壤土栽植。栽植深度以将假球茎刚刚埋入土中为宜，盆边缘留2厘米沿口，上铺翠云草或细石子，最后浇透水，置阴处10～15天，保持土壤潮湿。逐渐减少浇水，进行正常养护。

13
春 兰

物种简介

春兰（*Cymbidium goeringii*）是兰科兰属地生草本植物。

分布生境

产陕西省南部、甘肃省南部、江苏省、安徽省、浙江省、江西省、福建省、台湾地区、河南省南部、湖北省、湖南省、广东省、广西壮族自治区、四川省、贵州省、云南省。生于多石山坡、林缘、林中透光处，海拔 300～2 200 米，在台湾地区可上升到 3 000 米。日本与朝鲜半岛南端也有分布。

形态特征

假鳞茎较小，卵球形，长 1～2.5 厘米，宽 1～1.5 厘米，包藏于叶基之内。叶 4～7枚，带形，通常较短小，长 20～60 厘米，宽 5～9 毫米，下部常多少对折而呈 v 形，边缘无齿或具细齿。花葶从假鳞茎基部外侧叶腋中抽出，直立，长 3～20 厘米，极罕更高，明显短于叶；花序具单朵花，极罕 2 朵；花苞片长而宽，一般长 4～5 厘米，多少围抱子房；花梗和子房长 2～4 厘米；花色泽变化较大，通常为绿色或淡褐黄色而有紫褐色脉纹，有香气；萼片近长圆形至长圆状倒卵形，长 2.5～4 厘米，宽 8～12 毫米；花瓣倒卵状椭圆形至长圆状卵形，长 1.7～3 厘米，与萼片近等宽，展开或多少围抱蕊柱；唇瓣近卵形，长 1.4～2.8 厘米，不明显 3 裂；侧裂片直立，具小乳突，在内侧靠近纵褶片处

各有 1 个肥厚的皱褶状物;中裂片较大,强烈外弯,上面亦有乳突,边缘略呈波状;唇盘上 2 条纵褶片从基部上方延伸中裂片基部以上,上部向内倾斜并靠合,多少形成短管状;蕊柱长 1.2～1.8 厘米,两侧有较宽的翅;花粉团 4 个,成 2 对。蒴果狭椭圆形,长 6～8 厘米,宽 2～3 厘米。花期 1—3 月。

🌼 生长习性

喜凉爽、半阴和潮湿环境,较耐寒,忌酷热,喜排水良好、富含腐殖质的微酸性土。

🌿 保护级别

国家二级重点保护野生植物。

🔖 主要价值

观赏:春兰在中国有悠久的栽培历史,花有幽香,多作为室内盆栽观赏,为室内装饰佳品。

药用:根、叶、花均可入药,主治神经衰弱、阴虚、肺结核、跌打损伤、痈肿、劳累咳嗽、手足心发烧等。

🌱 繁育技术

通常采用分株、无菌播种方式进行繁殖。

分株:通常 2～3 年一次,春秋两季均可进行。将兰株从盆中倒出,将根用水冲洗干净,晾干,待根稍软时即可分株。子株保留2~3苗,切口涂以草木灰以防腐烂。盆土可用林下腐叶土或泥炭土,加适量粗沙和木炭屑配制而成。栽时新苗朝向中心,深度以假鳞茎刚埋入土中为度,保留2厘米沿口。浇透水,放阴处15天缓苗以后,即可正常养护管理。

无菌播种:春兰种子细小,难以发芽,宜采用无菌播种方式。采用成熟而未开裂的蒴果,表面用75%的酒精消毒,在无菌的条件下用刀剖开取出种子。将种子用白布包裹,在10%的次氯酸钠溶液中浸泡5~10分钟,播入培养瓶中,培养基多用 White 培养基加适量椰乳和活性炭,放在恒温恒湿箱中培养,温度为25 ℃ ±3 ℃,湿度60%~70%。种子萌动成白色粒状体后,及时移入2 000 勒克斯光照下培养,膨大后转绿,形成原球茎。

14
蕙　兰

物种简介

　　蕙兰（*Cymbidium faberi*）是兰科兰属地生草本植物。

分布生境

　　产陕西省、甘肃省、安徽省、浙江省、江西省、福建省、台湾地区、河南省、湖北省、湖南省、广东省、广西壮族自治区、四川省、贵州省、云南省和西藏自治区。生于湿润但排水良好的透光处，海拔700～3 000米。尼泊尔、印度北部也有分布。

形态特征

　　地生草本；假鳞茎不明显。叶5～8枚，带形，直立性强，长25～80厘米，宽4～12毫米，基部常对折而呈v形，叶脉透亮，边缘常有粗锯齿。花葶从叶丛基部最外面的叶腋抽出，近直立或稍外弯，长35～80厘米，被多枚长鞘；总状花序具5～11朵或更多的花；花苞片线状披针形，最下面的1枚长于子房，中上部的长1～2厘米，约为花梗和子房长度的1/2；花梗和子房长2～2.6厘米；花常为浅黄绿色，唇瓣有紫红色斑，有香气；萼片近披针状长圆形或狭倒卵形，长2.5～3.5厘米，宽6～8毫米；花瓣与萼片相似，常略短而宽；唇瓣长圆状卵形，长2～2.5厘米，3裂；侧裂片直立，具小乳突或细毛；中裂片较长，强烈外弯，有明显、发亮的乳突，边缘常皱波状；唇盘上2条纵褶片从基部上方延伸至中裂片基部，上端向内倾斜并汇合，多少形成短管；蕊柱长1.2～1.6厘米，稍向前弯曲,两侧有狭翅;花粉团4个,成2对,宽卵形。蒴果近狭椭圆形,长5～5.5厘米,宽约2厘米。花期3—5月。

生长习性

喜光、要求通风良好环境,喜疏松土壤,宜丛生。适宜生长温度为15℃～25℃,在国兰中蕙兰是最耐寒耐高温的兰花。对空气湿度的要求为60%～75%,冬季休眠期空气湿度不要低于50%,生长期湿度宜保持为70%～80%。

保护级别

国家二级重点保护野生植物。

主要价值

观赏:蕙兰植株挺拔,花茎直立或下垂,花大色艳,宜作盆栽观赏,用于室内花架、阳台、窗台摆放,典雅华贵,观赏性高。

药用:蕙兰全株可以入药,具有清热解毒、祛风湿、消炎止血、明目等功效。

繁育技术

通常采用分株方式进行繁育。

春秋两季均可进行。选择种植2～3年的壮苗,基质以疏松、肥沃、透气、沥水、无污染的兰花专用土,pH 5.5～6.5为宜。使用前需日晒或用药物灭菌。将用于分株繁殖的盆栽兰花,连盆倒斜,拍摇盆身,逐渐使植株和基质一起脱

出,注意保护叶片和根;将用于分株繁殖的地栽兰花,用工具从地里起出,注意不要损伤根系和芽点;捏住假鳞茎的基部,找出兰株之间的分割点,用已消毒的剪刀剪开。分株后的每丛兰花,应至少有两株为佳;剪除空根、腐根、断根、枯叶和假鳞茎上的干枯叶鞘,也要剪除无叶、干瘪、腐烂的假鳞茎;修剪后的伤口,要涂上硫黄粉或木炭粉或甲基托布津药粉消毒,并适当干燥。

15

建 兰

🌼 物种简介

建兰（*Cymbidium ensifolium*）是兰科兰属地生草本植物。

📍 分布生境

产安徽省、浙江省、江西省、福建省、台湾地区、湖南省、广东省、海南省、广西壮族自治区、四川省西南部、贵州省和云南省。生于疏林下、灌丛中、山谷旁或草丛中，海拔600～1800米。广泛分布于东南亚和南亚各国，北至日本。

❋ 形态特征

假鳞茎卵球形，长1.5～2.5厘米，宽1～1.5厘米，包藏于叶基之内。叶2～6枚，带形，有光泽，长30～60厘米，宽1～2.5厘米，前部边缘有时有细齿，关节位于距基部2～4厘米处。花葶从假鳞茎基部发出，直立，长20～35厘米或更长，但一般短于叶；总状花序具3～13朵花；花苞片除最下面的1枚长可达1.5～2厘米外，其余的长5～8毫米，一般不及花梗和子房长度的1/3；花梗和子房长2～3厘米；花常有香气，色泽变化较大，通常为浅黄绿色而具紫斑；萼片近狭长圆形或狭椭圆形，长2.3～2.8厘米，宽5～8毫米；侧萼片常向下斜展；花瓣狭椭圆形或狭卵状椭圆形，长1.5～2.4厘米，宽5～8毫米，近平展；唇瓣近卵形，长1.5～2.3厘米，略3裂；侧裂片直立，多少围抱蕊柱，上面有小乳突；中裂片较大，卵形，外弯，边缘波状，亦具小乳突；唇盘上2条纵褶片从基部延伸至中裂片基部,上半部向内倾斜并靠合,形成短管;蕊柱长1～1.4厘米,稍向前弯曲,两侧具狭翅;花粉团4个,成2对,宽卵形。蒴果狭椭圆形,长5～6厘米,宽约2厘米。花期通常为6—10月。

生长习性

喜阴,忌阳光直射,喜湿润,忌干燥,15 ℃～30 ℃宜生长。35 ℃以上生长不良;5 ℃以下的严寒会影响其生长力,进入休眠状态。喜空气流通的环境,喜疏松土壤,宜丛生。

保护级别

国家二级重点保护野生植物。

主要价值

观赏:建兰植株雄健,根粗且长,适宜多苗丛植,置于林间、庭园或厅堂,花繁叶茂,大气磅礴,很有神采,盛夏开花,使人倍感清幽。建兰栽培历史悠久,品种繁多,在我国南方栽培十分普遍,是阳台、客厅、花架和小庭院台阶陈设佳品,清新高雅。

繁育技术

通常采用分株方式进行繁育。

春秋两季均可进行。一般每隔三年分株一次。凡生长健壮,假球茎密集的植株都可分株。基质通常采用兰花专用土、经发酵的树皮、树叶、珍珠岩、植金石、陶粒、水苔等混合植料。分株前减少灌水,使基质较干。分株后每丛至少要保存5个连结在一起的假球茎,剪除空根、烂根、枯叶。上盆时,先以碎瓦片覆在盆底孔上,再铺上粗石子,占盆深度1/5至1/4,再放粗粒植料及少量细植料,然后用富含腐殖质的基质栽植。栽植深度以将假球茎刚刚埋入土中为宜,盆边缘留2厘米沿口,上铺水苔或细石子,浇透水,置阴处10～15天,保持基质潮湿。逐渐减少浇水,进行正常养护。

16
墨 兰

物种简介

墨兰(*Cymbidium sinense*)是兰科兰属植物。

分布生境

产安徽省南部、江西省南部、福建省、台湾地区、广东省、海南省、广西壮族自治区、四川省(峨眉山)、贵州省西南部和云南省。生于林下、灌木林中或溪谷旁湿润但排水良好的荫蔽处,海拔300～2 000米。印度、缅甸、越南、泰国也有分布。

形态特征

地生植物;假鳞茎卵球形,长2.5～6厘米,宽1.5～2.5厘米,包藏于叶基之内。叶3～5枚,带形,近薄革质,暗绿色,长45～110厘米,宽1.5～3厘米,有光泽,关节位于距基部3.5～7厘米处。花葶从假鳞茎基部发出,直立,较粗壮,长40～90厘米,一般略长于叶;总状花序具10～20朵或更多的花;花苞片除最下面的1枚长于1厘米外,其余的长4～8毫米;花梗和子房长2～2.5厘米;花的色泽变化较大,较常为暗紫色或紫褐色而具浅色唇瓣,也有黄绿色、桃红色或白色的,一般有较浓的香气;萼片狭长圆形或狭椭圆形,长2.2～3.5厘米,宽5～7毫米;花瓣近狭卵形,长2～2.7厘米,宽6～10毫米;唇瓣近卵状长圆形,宽1.7～3厘米,不明显3裂;侧裂片直立,多少围抱蕊柱,具乳突状短柔毛;中裂片较大,外弯,亦有类似的乳突状短柔毛,边缘略波状;唇盘上2条纵褶片从基部延伸至中裂片基部,上半部向内倾斜并靠合,形成短管;蕊柱长 1.2～1.5 厘米,稍向前弯曲,两侧有狭翅;花粉团 4 个,成 2 对,宽卵形。蒴果狭椭圆形,长 6～7 厘米,宽 1.5～2 厘米。花期 10 月至次年 3 月。

生长习性

喜阴,忌强光;喜温暖,忌严寒;喜湿,忌干燥。多生长于向阳、雨水充沛的密林间。

保护级别

国家二级重点保护野生植物。

主要价值

观赏:墨兰也叫报岁兰、入岁兰,因花期正值每年公历元月,农历旧的一年将终,新的一年即将开始之际,墨兰花开,寂寞幽香、独守高雅,现已成为中国较为热门的国兰之一,已进入千家万户,用它装点室内环境和作为馈赠亲朋的主要礼仪盆花。花枝也用于插花观赏。

繁育技术

通常采用分株方式进行繁育。

分株方法操作简单,分株后开花快,且能保存品种的原有特色。宜选在新芽未出土,新根未生长之前,或花后的休眠期进行。分开的兰株要进行整理,剪去烂根、枯叶,将 2～3 个丛生兰花的假鳞茎分为 1 组进行栽植。基质通常为兰花专用土、经发酵的树皮、树叶、珍珠岩、植金石、陶粒、水苔等混合植料。

17

寒　兰

🌿 物种简介

寒兰(*Cymbidium kanran*)是兰科兰属植物。

📍 分布生境

产安徽省、浙江省、江西省、福建省、台湾地区、湖南省、广东省、海南省、广西壮族自治区、四川省、贵州省和云南省。生于林下、溪谷旁或稍荫蔽、湿润、多石之土壤上,海拔 400～2 400 米。日本南部和朝鲜半岛南端也有分布。

❈ 形态特征

地生植物;假鳞茎狭卵球形,长 2～4 厘米,宽 1～1.5 厘米,包藏于叶基之内。叶 3～7 枚,带形,薄革质,暗绿色,略有光泽,长 40～70 厘米,宽 9～17 毫米,前部边缘常有细齿,关节位于距基部 4～5 厘米处。花葶发自假鳞茎基部,长 25～80 厘米,直立;总状花序疏生 5～12 朵花;花苞片狭披针形,最下面 1 枚长可达 4 厘米,中部与上部的长 1.5～2.6 厘米,一般与花梗和子房近等长;花梗和子房长 2～3 厘米;花常为淡黄绿色而具淡黄色唇瓣,也有其他色泽,常有浓烈香气;萼片近线形或线状狭披针形,长 3～6 厘米,宽 3.5～7 毫米,先端渐尖;花瓣常为狭卵形或卵状披针形,长 2～3 厘米,宽 5～10 毫米;唇瓣近卵形,不明显的 3 裂,长 2～3 厘米;唇盘上 2 条纵褶片从基部延伸至中裂片基部,上部向内倾斜并靠合,形成短管。蒴果狭椭圆形,长约 4.5 厘米,宽约 1.8 厘米。花期 8—12 月。

🌸 生长习性

喜凉爽、湿润、通风环境,忌积水、干燥和阳光直晒;喜疏松、肥沃的微酸性土壤。

🌸 保护级别

国家二级重点保护野生植物。

✏️ 主要价值

观赏:寒兰的最大特点是整体修长、清瘦,修美是对寒兰综合形象的概括,符合当今审美。

药用:寒兰全草入药,具有润肺止咳、清热利湿之功效;主治肺结核咯血、急性胃肠炎、月经不调、便血和跌打损伤等。

🌱 繁育技术

通常采用分株方式进行繁育。

春秋两季均可进行。一般每隔 3 年分株一次。基质通常采用兰花专用土、经发酵的树皮、树叶、珍珠岩、植金石、陶粒、水苔等混合植料。分株前减少灌水,使基质较干。分株后每丛至少要保存 5 个连结在一起的假球茎,剪除空根、烂根、枯叶。上盆时,先以碎瓦片覆在盆底孔上,再铺上粗石子,占盆深度 1/5 至 1/4,再放粗粒植料及少量细植料,然后用富含腐殖质的基质栽植。栽植深度以将假球茎刚刚埋入土中为宜,盆边缘留 2 厘米沿口,上铺水苔或细石子,浇透水,置阴处 10～15 天,保持基质潮湿,逐渐减少浇水,进行正常养护。

18

莲瓣兰

🌱 **物种简介**

  莲瓣兰（*Cymbidium tortisepalum*）是兰科兰属地生草本植物。

◎ **分布生境**

  产台湾地区与云南省西部。生于草坡或透光的林中或林缘，海拔 800～2 000 米。

❋ **形态特征**

  叶长 30～65 厘米，宽 4～12 毫米，质地柔软，弯曲。花 2～5 朵；花苞片长于或等长于花梗和子房，披针形。花期 12 月至次年 3 月。

⚙ **生长习性**

  喜凉爽、湿润、通风环境，忌积水、干燥和阳光直晒；喜疏松、肥沃的微酸性土壤。

❀ **保护级别**

  国家二级重点保护野生植物。

✐ **主要价值**

  观赏：莲瓣兰株型优美，花色丰富，花型清雅俏丽，花期长，适应力强，深受中国人喜爱，是中国传统名花，国兰中的重要一员。

  药用：寒兰全草入药，具有润肺止咳、清热利湿之功效；主治肺结核咯血、急性胃肠炎、月经不调、便血和跌打损伤等。

繁育技术

一般采用分株方式进行繁育。

通常在早春植株尚未恢复生长或秋季当年新株长成时进行。莲瓣兰植株基部假鳞茎紧密相连,分株时需用锐利的剪刀或手术刀片从假鳞茎连接点分开,分株伤口要尽量小,一般切分为2～3株为1丛。名贵品种常将成年植株分成单株上盆栽培,可促进多萌发新苗,但管护不当容易长成弱苗。分株完成后须整理植株,剪除残花、枯死叶鞘、空根,干枯叶片或叶尖病死部分也须剪去,然后全株浸泡入50%多菌灵800倍＋72%农用硫酸链霉素2 000倍混合溶液中消毒15～30分钟,捞出后根向上、叶向下倒置在阴凉处稍晾干,最后植株伤口涂抹多菌灵、代森锰锌、硫黄粉或甲基硫菌灵类植物伤口保护剂,即可尽快上盆种植。分株后新芽萌发到长成成年植株约需半年时间。

19

美花兰

物种简介

美花兰（*Cymbidium insigne*）是兰科兰属植物。因其花色为白色至淡粉红色,唇瓣传粉后为深红色,外观美丽大方,故名"美花兰"。

分布生境

主要分布于中国海南省,越南与泰国也有分布。生于疏林中多石草丛中、岩石上或潮湿、多苔藓岩壁上,海拔 1 700～1 850 米。

形态特征

地生或附生植物;假鳞茎卵球形至狭卵形,长 5～9 厘米,宽 2.5～4 厘米,包藏于叶基之内。叶 6～9 枚,带形,长 60～90 厘米,宽 7～12 毫米,先端渐尖,关节位于距基部 7.5～10 厘米处。花葶近直立或外弯,长 28～90 厘米,较粗壮;总状花序具 4～9 朵或更多的花;花苞片近三角形,长 3～5 毫米,但下部的可达 11～15 毫米;花梗和子房长 3～4 厘米;花直径 6～7 厘米,无香气;萼片与花瓣白色或略带淡粉红色,有时基部有红点,唇瓣白色,侧裂片上通常有紫红色斑点和条纹,中裂片中部至基部黄色,亦有少数斑点与斑纹;萼片椭圆状倒卵形,长 3～3.5 厘米,宽 1～1.4 厘米;侧萼片略斜歪。花瓣狭倒卵形,长 2.8～3 厘米,宽 1～1.2 厘米;唇瓣近卵圆形,略短于花瓣,3 裂,基部与蕊柱合生达 2～3 毫米;侧裂片上有极细的小乳突与细毛,边缘无明显缘毛;中裂片稍外弯,基部与中部有一片密短毛区,其余部分

有小乳突,边缘皱波状;唇盘上有 3 条纵褶片,左右 2 条从基部延伸至中裂片基部,顶端略膨大,中央 1 条较短,均密生短毛;蕊柱长 2.4～2.8 厘米,向前弯曲,两侧具翅,腹面基部有短毛;花粉团 2 个,三角形至近四方形。花期 11—12 月。

生长习性

喜阴,忌阳光直射,喜湿润,忌干燥,15 ℃～30 ℃宜生长。温度 35 ℃以上生长不良,5 ℃以下的严寒会使美花兰进入休眠状态。如气温太高加上阳光曝晒则一两天内即出现叶子灼伤或枯焦,如气温太低又没及时转移进屋里,则会出现冻伤的现象。美花兰是肉质根,宜选用富含腐殖质的砂质壤土、腐叶土、富含腐殖质的山土、微酸性的松土或含铁质的土壤,pH 5.5～6.5 为宜。

保护级别

国家一级重点保护野生植物。

主要价值

观赏:美花兰是属于比较容易杂交授粉并获得杂交后代的种类,在欧洲常被用作亲本,是非常具有价值的优良亲本植物。由于其花大、色美,花期长,常作为切花,深受人们喜爱,也非常适合庭院地栽或盆栽。

繁育技术

通常采用分株和无菌播种方式进行繁育。

分株:在春秋两季均可进行,一般每隔三年分株一次。凡植株生长健壮,假球茎密集的都可分株。分株前要减少灌水,使盆土较干。分株上盆时,先以碎瓦片覆在盆底孔上,再铺上粗石子,占盆深度 1/5 至 1/4,再放粗粒土及少量细土,然后用富含腐殖质的沙质壤土栽植。栽植深度以将假球茎刚刚埋入土中为宜,盆边缘留 2 厘米沿口,上铺翠云草或细石子,最后浇透水,置阴处 10～15 天,保持土壤潮湿之后,逐渐减少浇水,进行正常养护。

播种:美花兰种子极细,种子内仅有一个发育不完全的胚,发芽力很低,加之种皮不易吸收水分,用常规方法播种不能萌发,故需要用兰菌或人工培养基来供给养分,才能萌发。选用尚未开裂的果实,表面用 75% 的酒精灭菌后,取出种子,用 10% 次氯酸钠浸泡 5～10 分钟,取出再用无菌水冲洗 3 次即可播于盛有培养基的培养瓶内,然后置暗培养室中,温度保持 25 ℃左右,萌动后再移至光下即能形成原球茎。从播种到移植,需半年到一年。

20
文山红柱兰

物种简介

文山红柱兰(*Cymbidium wenshanense*)是兰科兰属植物。因原产云南省的文山市而得名。

分布生境

文山红柱兰分布于中国云南省东南部等地,越南也有分布。常生于海拔1 500～1 800米的林中树上。

形态特征

附生植物。假鳞茎卵形,长3～4厘米,宽2～2.5厘米,包藏于叶鞘之内。叶6～9枚,带形,长60～90厘米,宽1.3～1.7厘米,先端近渐尖,关节位于距基部8～10厘米处。花葶明显短于叶,长32～39厘米,多少外弯;总状花序具3～7朵花;花苞片三角形,很小;花梗和子房长达5厘米;花较大,不完全开放,有香气;萼片与花瓣白色,背面常略带淡紫红色,唇瓣白色而有深紫色或紫褐色条纹与斑点,在后期整个色泽常变为淡红褐色,纵褶片一般黄色,蕊柱顶端红色,其余均白色;萼片近狭倒卵形或宽倒披针形,长5.8～6.4厘米,宽1.8～2.1厘米。花瓣与萼片相似;唇瓣近宽倒卵形,长约5.6厘米,3裂,基部与蕊柱合生达2～3毫米;侧裂片直立,宽达2厘米,边缘有缘毛;中裂片近扁圆形,长约1.9厘米,宽2.7厘米,先端微缺,边缘有缘毛;唇盘上整个被毛,有2条纵褶片自基部延伸到中裂片基部,末端明显膨大;蕊柱长约4.2厘米,向前弯曲,腹面疏被短柔毛;花粉团2个,近梨形。花期3月。

生长习性

文山红柱兰喜温暖湿润的半阴环境,不耐寒冷,也怕酷热和烈日曝晒。喜阴,忌阳光直射,喜湿润,忌干燥,15 ℃～30 ℃宜生长。35 ℃以上生长不良;5 ℃以下的严寒会影响其生长力,进入休眠状态。喜富含腐殖质的砂质壤土、腐叶土或含腐殖质较多的山土。

保护级别

国家一级重点保护野生植物。

主要价值

观赏:文山红柱兰可作为园林观赏品种,适于盆内或假山石缝中种植。

繁育技术

分株:在春秋两季均可进行,一般每隔3年分株1次。凡植株生长健壮,假球茎密集的都可分株。分株前要减少灌水,使盆土较干。分株后上盆时,先以碎瓦片覆在盆底孔上,再铺上粗石子,占盆深度1/5至1/4,再放粗粒土及少量细土,然后用富含腐殖质的沙质壤土栽植。栽植深度以将假球茎刚刚埋入土中力度,盆边缘留2厘米沿口,上铺翠云草或细石子,最后浇透水,置阴处10～15天,保持土壤潮湿,逐渐减少浇水,进行正常养护。

播种:兰花种子极细,种子内仅有一个发育不完全的胚,发芽力很低,加之种皮不易吸收水分,用常规方法播种不能萌发,故需要用兰菌或人工培养基来供给养分,才能萌发。选用尚未开裂的果实,表面用75%的酒精灭菌后,取出种子,用10%次氯酸钠浸泡5～10分钟,取出再用无菌水冲洗3次即可播于盛有培养基的培养瓶内,然后置暗培养室中,温度保持25 ℃左右,萌动后再移至光下即能形成原球茎。从播种到移植,需半年到一年。

21
云南杓兰

物种简介

云南杓兰（*Cypripedium yunnanense*）是兰科杓兰属草本植物。

分布生境

产四川省、云南省和西藏自治区。生于海拔2 700～3 800米的松林下、灌丛中或草坡上。

形态特征

植株高20～37厘米,具粗短的根状茎。茎直立,无毛或在上部近节处疏被短柔毛,基部具数枚鞘,鞘上方具3～4枚叶。叶片椭圆形或椭圆状披针形,长6～14厘米,宽1～3.5厘米,先端渐尖,上面无毛或疏被微柔毛,背面被微柔毛,毛尤以脉上为多。花序顶生,具1花;花序柄上端疏被短柔毛;花苞片叶状,卵状椭圆形或卵状披针形,长4～6厘米,宽1.5厘米,先端急尖或渐尖,两面疏被短柔毛;花梗和子房长2～3.5厘米,无毛或上部稍被毛;花略小,粉红色、淡紫红色或偶见灰白色,有深色的脉纹,退化雄蕊白色并在中央具1条紫条纹;中萼片卵状椭圆形,长2.2～3.2厘米,宽1.2～1.6厘米,先端渐尖;合萼片椭圆状披针形,与中萼片等长,宽8～10毫米,先端2浅裂;花瓣披针形,长2.2～3.2厘米,宽7～8毫米,先端渐尖,稍扭转或不扭转,内表面基部具毛;唇瓣深囊状,椭圆形,长2.2～3.2厘米,宽1.5～1.8厘米,囊口周围有浅色的圈,囊底有毛,外面无毛;退化雄蕊椭圆形或卵形,长6～7毫米,宽3～4毫米,基部近无柄。花期5月。

生长习性

喜透水和保水性良好的倾斜山坡或石隙,稀疏的山草旁,次生杂木林阴下,或有遮阴,日照时间短、空气湿度大且空气能流通的地方。喜阴,忌阳光直射,喜湿润,忌干燥,15 ℃～30 ℃最适宜生长。

保护级别

国家二级重点保护野生植物。

主要价值

观赏:花形奇特,植株优美,适合庭院、花径、绿篱观赏,也宜盆栽欣赏,具有很高的观赏价值。

繁育技术

一般采用分株方式进行繁育。

分株前少浇水,使盆土较干燥。上盆时,先以碎瓦片覆在盆底孔上,再铺上粗石子,占盆深度 1/4,再放粗粒土及少量细土,用富含腐殖质的沙质壤土栽植。栽植深度以将根茎连接处刚刚埋入土中露出茎部为宜,盆边缘留 2 厘米沿口,上铺水苔或细石子,浇透水,置阴处 10～15 天,保持土壤潮湿,进行正常养护。

22
杓　兰

🌼 物种简介

杓兰（*Cypripedium calceolus*）是兰科杓兰属草本植物。

📍 分布生境

产黑龙江省、吉林省、辽宁省和内蒙古自治区。生于海拔 500～1 000 米的林下、林缘、灌木丛中或林间草地上。日本、朝鲜半岛、西伯利亚至欧洲也有分布。

❋ 形态特征

植株高 20～45 厘米,具较粗壮的根状茎。茎直立,被腺毛,基部具数枚鞘,近中部以上具 3～4 枚叶。叶片椭圆形或卵状椭圆形,较少卵状披针形,长 7～16 厘米,宽 4～7 厘米,先端急尖或短渐尖,背面疏被短柔毛,毛以脉上与近基部处为多,边缘具细缘毛。花序顶生,通常具 1～2 花;花苞片叶状,椭圆状披针形或卵状披针形,长 4～10 厘米,宽 1.5～4 厘米;花梗和子房长约 3 厘米,

具短腺毛;花具栗色或紫红色萼片和花瓣,但唇瓣黄色;中萼片卵形或卵状披针形,长2.5～5厘米,宽8～15毫米,先端渐尖或尾状渐尖,背面中脉疏被短柔毛;合萼片与中萼片相似,先端2浅裂;花瓣线形或线状披针形,长3～5厘米,宽4～6毫米,扭转,内表面基部与背面脉上被短柔毛;唇瓣深囊状,椭圆形,长3～4厘米,宽2～3厘米,囊底具毛,囊外无毛;内折侧裂片宽3～4毫米;退化雄蕊近长圆状椭圆形,长7～10毫米,宽5～7毫米,先端钝,基部有长约1毫米的柄,下面有龙骨状突起。花期6—7月。

生长习性

喜阴,忌阳光直射;喜湿润,忌干燥;喜林缘、溪谷旁、荫蔽山坡等湿润的环境和腐殖质丰富的土壤。

保护级别

国家二级重点保护野生植物。

主要价值

观赏:花形奇特,植株优美,适合庭院、绿篱栽植,也可作盆栽,具有很高的观赏价值。

繁育技术

通常采用分株方式进行繁育。

23
扇脉杓兰

物种简介

扇脉杓兰（*Cypripedium japonicum*）是兰科杓兰属草本植物。

分布生境

产陕西省南部、甘肃省南部、安徽省、浙江省、江西省、湖北省、湖南省、四川省和贵州省。生于海拔1 000～2 000米的林下、灌木林下、林缘、溪谷旁、荫蔽山坡等湿润和腐殖质丰富的土壤上。日本也有分布。模式标本采自日本。

形态特征

植株高35～55厘米，具较细长的、横走的根状茎；根状茎直径3～4毫米，有较长的节间。茎直立，被褐色长柔毛，基部具数枚鞘，顶端生叶。叶通常2枚，近对生，位于植株近中部处，极罕有3枚叶互生的；叶片扇形，长10～16厘米，宽10～21厘米，上半部边缘呈钝波状，基部近楔形，具扇形辐射状脉直达边缘，两面在近基部处均被长柔毛，边缘具细缘毛。花序顶生，具1花；花序柄亦被褐色长柔毛；花苞片叶状，菱形或卵状披针形，长2.5～5厘米，宽1～3厘米，两面无毛，边缘具细缘毛；花梗和子房长2～3厘米，密被长柔毛；花俯垂；萼片和花瓣淡黄绿色，基部多少有紫色斑点，唇瓣淡黄绿色至淡紫白色，多少有紫红色斑点和条纹；中萼片狭椭圆形或狭椭圆状披针形，长4.5～5.5厘米，宽1.5～2厘米，先端渐尖，无毛；合萼片与中萼片相似，长4～5厘米，

宽 1.5～2.5 厘米，先端 2 浅裂；花瓣斜披针形，长 4～5 厘米，宽 1～1.2 厘米，先端渐尖，内表面基部具长柔毛；唇瓣下垂，囊状，近椭圆形或倒卵形，长 4～5 厘米，宽 3～3.5 厘米；囊口略狭长并位于前方，周围有明显凹槽并呈波浪状齿缺；退化雄蕊椭圆形，长约 1 厘米，宽 6～7 毫米，基部有短耳。蒴果近纺锤形，长 4.5～5 厘米，宽 1.2 厘米，疏被微柔毛。花期 4—5 月，果期 6—10 月。

⚙ 生长习性

喜阴，忌阳光直射；喜湿润，忌干燥；喜林缘、溪谷旁、荫蔽山坡等湿润的环境和腐殖质丰富的土壤。

🦋 保护级别

国家二级重点保护野生植物。

✏ 主要价值

观赏：花形奇特，植株优美，适合庭院、绿篱栽植，也可作盆栽，具有很高的观赏价值。

🌱 繁育技术

通常采用分株方式进行繁育。

24
大花杓兰

物种简介

大花杓兰（*Cypripedium macranthos*）是兰科杓兰属草本植物。

分布生境

产黑龙江省、吉林省、辽宁省、内蒙古自治区、河北省、山东省和台湾地区。生于海拔 400～2 400 米的林下、林缘或草坡上腐殖质丰富和排水良好之地。日本、朝鲜半岛和俄罗斯也有分布。

形态特征

植株高 25～50 厘米，具粗短的根状茎。茎直立，稍被短柔毛或变无毛，基部具数枚鞘，鞘上方具 3～4 枚叶。叶片椭圆形或椭圆状卵形，长 10～15 厘米，宽 6～8 厘米，先端渐尖或近急尖，两面脉上略被短柔毛或变无毛，边缘有细缘毛。花序顶生，具 1 花，极罕 2 花；花序柄被短柔毛或变无毛；花苞片叶状，通常椭圆形，较少椭圆状披针形，长 7～9 厘米，宽 4～6 厘米，先端短渐尖，两面脉上通常被微柔毛；花梗和子房长 3～3.5 厘米，无毛；花大，紫色、红色或粉红色，通常有暗色脉纹，极罕白色；中萼片宽卵状椭圆形或卵状椭圆形，长 4～5 厘米，宽 2.5～3 厘米，先端渐尖，无毛；合萼片卵形，长 3～4 厘米，宽 1.5～2 厘米，先端 2 浅裂；花瓣披针形，长 4.5～6 厘米，宽 1.5～2.5 厘米，先端渐尖，不扭转，内表面基部具长柔毛；唇瓣深囊状，近球形或椭圆形，长 4.5～5.5 厘米；囊口较小，直径约 1.5 厘米，囊底有毛；退化雄蕊卵状长圆形，长 1～1.4 厘米，宽

7～8毫米,基部无柄,背面无龙骨状突起。蒴果狭椭圆形,长约4厘米,无毛。花期6—7月,果期8—9月。

⚙ 生长习性

喜阴,忌阳光直射,喜湿润,忌干燥,适宜生长温度15 ℃～30 ℃。温度35 ℃以上生长不良,5 ℃以下的严寒会使兰花进入休眠状态。如气温太高加上阳光曝晒则一两天内即出现叶子灼伤或枯焦;如气温太低则会出现冻伤。宜采用排水性能良好、富含腐殖质的砂质壤土、腐叶土、微酸性的松土或含铁质的土壤,pH 5.5～6.5为宜。

♥ 保护级别

国家二级重点保护野生植物。

✐ 主要价值

观赏:花形奇特,植株优美,花色艳丽,适合庭院、绿篱栽植,也可作盆栽,具有很高的观赏价值。

☘ 繁育技术

通常采用分株方式进行繁育。

25

西藏杓兰

物种简介

西藏杓兰（*Cypripedium tibeticum*）是兰科杓兰属草本植物。

分布生境

产甘肃省、四川省、贵州省、云南省和西藏自治区。生于海拔 2 300～4 200 米的透光林下、林缘、灌木坡地、草坡或乱石地上。不丹和锡金也有分布。

形态特征

植株高 15～35 厘米，具粗壮、较短的根状茎。茎直立，无毛或上部近节处被短柔毛，基部具数枚鞘，鞘上方通常具 3 枚叶，罕有 2 或 4 枚叶。叶片椭圆形、卵状椭圆形或宽椭圆形，长 8～16 厘米，宽 3～9 厘米，先端急尖、渐尖或钝，无毛或疏被微柔毛，边缘具细缘毛。花序顶生，具 1 花；花苞片叶状，椭圆形至卵状披针形，长 6～11 厘米，宽 2～5 厘米，先端急尖或渐尖；花梗和子房长 2～3 厘米，无毛或上部偶见短柔毛；花大，俯垂，紫色、紫红色或暗栗色，通常有淡绿黄色的斑纹，花瓣上的纹理尤其清晰，唇瓣的囊口周围有白色或浅色的圈；中萼片椭圆形或卵状椭圆形，长 3～6 厘米，宽 2.5～4 厘米，先端渐尖、急尖或具短尖头，背面无毛或偶见疏微柔毛，边缘多少具细缘毛；合萼片与中萼片相似，但略短而狭，先端 2 浅裂；花瓣披针形或长圆状披针形，长 3.5～6.5 厘米，宽 1.5～2.5 厘米，先端渐尖或急尖，内表面基部密生短柔毛，边缘疏生细缘毛；唇瓣深囊状，近球形至椭圆形，长 3.5～6 厘米，宽亦相近或略窄,外表面常皱缩,后期尤其明显,囊底有长毛;退化雄蕊卵状长圆形,长1.5～2厘米,宽8～12毫米,背面多少有龙骨状突起,基部近无柄。花期5—8月。

生长习性

一般生长在深山幽谷的山腰谷壁,透水和保水性良好的倾斜山坡或石隙,稀疏的山草旁,次生杂木林阴下。喜阴,忌阳光直射,喜湿润,忌干燥,适宜生长温度15 ℃～30 ℃。宜采用排水性能良好、富含腐殖质的砂质壤土、腐叶土、微酸性的松土或含铁质的土壤,pH 5.5～6.5为宜。

保护级别

国家二级重点保护野生植物。

主要价值

观赏:花形奇特,植株优美,花色艳丽,适合庭院、绿篱栽植,也可作盆栽,具有很高的观赏价值。

繁育技术

通常采用分株方式进行繁育。

26

黄花杓兰

物种简介

黄花杓兰（*Cypripedium flavum*）是兰科杓兰属植物。

分布生境

产甘肃省、湖北省、四川省、云南省和西藏自治区。生于海拔 1 800～3 450 米林下、林缘、灌丛中或草地上多石湿润之地。

形态特征

植株通常高 30～50 厘米，具粗短的根状茎。茎直立，密被短柔毛，尤其在上部近节处，基部具数枚鞘，鞘上方具 3～6 枚叶。叶较疏离；叶片椭圆形至椭圆状披针形，长 10～16 厘米，宽 4～8 厘米，先端急尖或渐尖，两面被短柔毛，边缘具细缘毛。花序顶生，通常具 1 花，罕有 2 花；花序柄被短柔毛；花苞片叶状、椭圆状披针形，长 4～8 厘米，宽约 2 厘米，被短柔毛；花梗和子房长 2.5～4 厘米，密被褐色至锈色短毛；花黄色，有时有红色晕，唇瓣上偶见栗色斑点；中萼片椭圆形至宽椭圆形，长 3～3.5 厘米，宽 1.5～3 厘米，先端钝，背面中脉与基部疏被微柔毛，边缘具细缘毛；合萼片宽椭圆形，长 2～3 厘米，宽 1.5～2.5 厘米，先端几不裂，亦具类似的微柔毛和细缘毛；花瓣长圆形至长圆状披针形，稍斜歪，长 2.5～3.5 厘米，宽 1～1.5 厘米，先端钝，并有不明显的齿，内表面基部具短柔毛，边缘有细缘毛；唇瓣深囊状，椭圆形，长 3～4.5 厘米，两侧和前沿均有较宽阔的内折边缘，囊底具长柔毛；退化雄蕊近

圆形或宽椭圆形,长 6～7 毫米,宽 5 毫米,基部近无柄,多少具耳,下面略有龙骨状突起,上面有明显的网状脉纹。蒴果狭倒卵形,长 3.5～4.5 厘米,被毛。花果期 6—9 月。

生长习性

喜阴,忌阳光直射,喜湿润,忌干燥,15 ℃～30 ℃宜生长。喜富含腐殖质的砂质壤土、腐叶土或含腐殖质较多的山土,微酸性的松土或含铁质的土壤,排水性能必须良好。pH 5.5～6.5 为宜。

保护级别

国家二级重点保护野生植物。

主要价值

观赏:花形奇特,植株优美,适合庭院、绿篱栽植,也可作盆栽,具有很高的观赏价值。

繁育技术

通常采取分株方式进行繁育。

27

台湾杓兰

物种简介

台湾杓兰（*Cypripedium formosanum*）是兰科杓兰属草本植物。

分布生境

产中国台湾地区。生于海拔 2 400～3 000 米的林下或灌木林中。

形态特征

植株高 30～40 厘米，具较细长的根状茎；根状茎横走，分叉。茎直立，无毛或具细毛，基部具数枚鞘，顶端生叶。叶 2 枚，近对生，位于整个植株的上部；叶片扇形，长 10～13 厘米，宽 8～11 厘米，上半部边缘钝并多少呈波状，先端具短尖，基部楔形，两面疏被微柔毛或上面无毛，具扇形辐射状脉直达边缘，边缘具细缘毛。花序顶生，具 1 花；花序柄近无毛或疏被短柔毛；花苞片叶状，卵状披针形，长 2.2～3 厘米，宽约 1 厘米，先端急尖，疏被微柔毛；花梗和子房长 1.8～2 厘米，密被短柔毛；花俯垂，白色至淡粉红色，萼片与花瓣基部有淡紫红色斑点，唇瓣上略有淡紫红色短纹和斑点；中萼片常俯倾，狭卵形或卵状披针形，长 4.5～5 厘米，宽 1.6～2 厘米，先端急尖或短渐尖，近基部略被疏柔毛；合萼片椭圆状卵形，长 4.5～5 厘米，宽 2.5～3 厘米，先端 2 浅裂，近基部略被毛；花瓣长圆状披针形，长约 5 厘米，宽 1.2～1.8 厘米，先端渐尖或急尖，内表面基部具长柔毛；唇瓣下垂，囊状，倒卵形或椭圆形，长 4～6 厘米，宽 3.5～4 厘米；囊口略狭长并位于前

方,周围稍有或无明显的槽状凹陷;囊底有毛;退化雄蕊卵状三角形或卵状箭头形,长约1厘米,宽6～7毫米。花期4—5月。

⚙ 生长习性

喜阴,忌阳光直射,喜湿润,忌干燥,15 ℃～30 ℃宜生长。喜富含腐殖质的砂质壤土,pH 5.5～6.5为宜。

♥ 保护级别

国家二级重点保护野生植物。

⊘ 主要价值

观赏:植株优美,花型奇特,有很高的园艺价值。

🌱 繁育技术

通常采用分株方式进行繁育。

28

铁皮石斛

物种简介

铁皮石斛（*Dendrobium officinale*）是兰科石斛属草本植物。

分布生境

产安徽省、浙江省、福建省、广西壮族自治区、四川省、云南省。生于海拔达 1 600 米的山地半阴湿的岩石上。

形态特征

茎直立,圆柱形,长 9～35 厘米,粗 2～4 毫米,不分枝,具多节,节间长 1～1.7 厘米,常在中部以上互生 3～5 枚叶;叶二列,纸质,长圆状披针形,长 3～7 厘米,宽 9～15 毫米,先端钝并且多少钩转,基部下延为抱茎的鞘,边缘和中肋常带淡紫色;叶鞘常具紫斑,老时其上缘与茎松离而张开,并且与节留下 1 个环状铁青的间隙。总状花序常从落了叶的老茎上部发出,具 2～3 朵花;花序柄长 5～10 毫米,基部具 2～3 枚短鞘;花序轴回折状弯曲,长 2～4 厘米;花苞片干膜质,浅白色,卵形,长 5～7 毫米,先端稍钝;花梗和子房长 2～2.5 厘米;萼片和花瓣黄绿色,近相似,长圆状披针形,长约 1.8 厘米,宽 4～5 毫米,先端锐尖,具 5 条脉;侧萼片基部较宽阔,宽约 1 厘米;萼囊圆锥形,长约 5 毫米,末端圆形;唇瓣白色,基部具 1 个绿色或黄色的胼胝体,卵状披针形,比萼片稍短,中部反折,先端急尖,不裂或不明显 3 裂,中部以下两侧具紫红色条纹,边缘多少波状;唇盘密布细乳突状的毛,并且在中部以上具

1 个紫红色斑块;蕊柱黄绿色,长约 3 毫米,先端两侧各具 1 个紫点;蕊柱足黄绿色带紫红色条纹,疏生毛;药帽白色,长卵状三角形,长约 2.3 毫米,顶端近锐尖并且 2 裂。花期 3—6 月。

生长习性

铁皮石斛喜温暖湿润气候和半阴半阳的环境,不耐寒。

保护级别

国家二级重点保护野生植物。

主要价值

观赏:铁皮石斛生命力强,每年 5—6 月份开花,香气浓郁,淡黄绿色花朵清雅秀丽,具有很高的观赏价值和经济价值,盆栽可作上佳礼品。

药用:铁皮石斛具有生津养胃、滋阴清热、润肺益肾的作用,有助于增强机体免疫力。

繁育技术

通常采用扦插方式进行繁育。选择 1 年生或 2 年生、色泽嫩绿、健壮、萌发多、根系发达的植株作种株,剪去枯枝、断枝、老枝及过长的须根,将株丛切开,分成小丛,每丛带有叶的茎株 5～7 根,进行种植。

29
霍山石斛

物种简介

霍山石斛（*Dendrobium huoshanense*）是兰科石斛属草本植物。

分布生境

产河南省、安徽省。生于山地林中树干上和山谷岩石上。

形态特征

茎直立，肉质，长3～9厘米，从基部上方向上逐渐变细，基部上方粗3～18毫米，不分枝，具3～7节，节间长3～8毫米，淡黄绿色，有时带淡紫红色斑点，干后淡黄色。叶革质，2～3枚互生于茎的上部，斜出，舌状长圆形，长9～21厘米，宽5～7毫米，先端钝且微凹，基部具抱茎的鞘；叶鞘膜质，宿存。总状花序1～3个，从落了叶的老茎上部发出，具1～2朵花；花序柄长2～3毫米，基部被1～2枚鞘；鞘纸质，卵状披针形，长3～4毫米，先端锐尖；花苞片浅白色带栗色，卵形，长3～4毫米，先端锐尖；花梗和子房浅黄绿色，长2～2.7厘米；花淡黄绿色，开展；中萼片卵状披针形，长12～14毫米，宽4～5毫米，先端钝，具5条脉；侧萼片镰状披针形，长12～14毫米，宽5～7毫米，先端钝，基部歪斜；萼囊近矩形，长5～7毫米，末端近圆形；花瓣卵状长圆形，通常长12～15毫米，宽6～7毫米，先端钝，具5条脉；唇瓣近菱形，长和宽约相等，1～1.5厘米、基部楔形并且具1个胼胝体，上部稍3裂，两侧裂片之间密生短毛，近基部处密生长白毛；中裂片半圆

状三角形,先端近钝尖,基部密生长白毛并且具 1 个黄色横椭圆形的斑块;蕊柱淡绿色,长约 4 毫米,具长 7 毫米的蕊柱足;蕊柱足基部黄色,密生长白毛,两侧偶然具齿突;药帽绿白色,近半球形,长 1.5 毫米,顶端微凹。花期 5 月。

生长习性

生在河涧、沟溪山谷旁峭壁上,常与苔藓、石苇等植物附生在一起。喜阴凉、湿润、通风多雾的小气候。在气温 14 ℃时开始生长,气温 20 ℃～26 ℃、空气湿度在 80%以上适宜生长。

保护级别

国家一级重点保护野生植物。

主要价值

观赏:淡黄绿色花朵清雅娇嫩,有很高的观赏价值和经济价值,盆栽可作上佳礼品。

药用:干燥茎(霍枫斗)和鲜斛均可入药,有解暑、醒脾、清胃、利水、生津止渴、清虚热等功效。

繁育技术

一般采用分株方式进行繁育。生长 3 年以上的母株即可进行分株。

30
金钗石斛

🌸 物种简介

　　金钗石斛（*Dendrobium nobile*）是兰科石斛属草本植物。

📍 分布生境

　　产台湾地区、湖北省、香港特别行政区、海南省、广西壮族自治区、四川省、贵州省、云南省、西藏自治区。生于海拔 480～1 700 米的山地林中树干上或山谷岩石上。印度、尼泊尔、锡金、不丹、缅甸、泰国、老挝、越南也有分布。

❋ 形态特征

　　茎直立，肉质状肥厚，稍扁的圆柱形，长 10～60 厘米，粗达 1.3 厘米，上部多少回折状弯曲，基部明显收狭，不分枝，具多节，节有时稍肿大；节间多少呈倒圆锥形，长 2～4 厘米，干后金黄色。叶革质，长圆形，长 6～11 厘米，宽 1～3 厘米，先端钝并且不等侧 2 裂，基部具抱茎的鞘。总状花序从具叶或落了叶的老茎中部以上部分发出，长 2～4 厘米，具 1～4 朵花；花序柄长 5～15 毫米，基部被数枚筒状鞘；花苞片膜质，卵状披针形，长 6～13 毫米，先端渐尖；花梗和子房淡紫色，长 3～6 毫米；花大，白色带淡紫色先端，有时全体淡紫红色或除唇盘上具 1 个紫红色斑块外，其余均为白色；中萼片长圆形，长 2.5～3.5 厘米，宽 1～1.4 厘米，先端钝，具 5 条脉；侧萼片相似于中萼片，先端锐尖，基部歪斜，具 5 条脉；萼囊圆锥形，长 6 毫米；花瓣多少斜宽卵形，长 2.5～3.5

厘米,宽 1.8～2.5 厘米,先端钝,基部具短爪,全缘,具 3 条主脉和许多支脉;唇瓣宽卵形,长 2.5～3.5 厘米,宽 2.2～3.2 厘米,先端钝,基部两侧具紫红色条纹并且收狭为短爪,中部以下两侧围抱蕊柱,边缘具短的睫毛,两面密布短绒毛,唇盘中央具 1 个紫红色大斑块;蕊柱绿色,长 5 毫米,基部稍扩大,具绿色的蕊柱足;药帽紫红色,圆锥形,密布细乳突,前端边缘具不整齐的尖齿。花期 4—5 月。

生长习性

金钗石斛对自然生长环境要求十分苛刻,对大气、土壤、水质要求高,喜高温高湿气候,要求年平均气温高于 18 ℃,冬季气温高于 3 ℃,无霜期大于 350 天,等等。

保护级别

国家二级重点保护野生植物。

主要价值

观赏:花型奇特,色彩明媚,具有很高的观赏价值和经济价值,盆栽可作上佳礼品。

药用:以茎入药,具益胃生津、滋阴清热等功效,主治热病伤津、口干烦渴、病后虚热、食少干呕、目暗不明等症。

繁育技术

通常采用分株方式进行繁育。

选择无病虫的健壮石斛分丛苗,苗源充足时可按每窝 5～8 苗,苗源缺乏按每窝 2～3 苗或单株栽植。

31

鼓槌石斛

🌸 **物种简介**

鼓槌石斛(*Dendrobium chrysotoxum*)是兰科石斛属草本植物。

📍 **分布生境**

产云南省。生于海拔 520～1 620 米,阳光充足的常绿阔叶林中树干上或疏林下岩石上。印度、缅甸、泰国、老挝、越南也有分布。

✳ **形态特征**

茎直立,肉质,纺锤形,长 6～30 厘米,中部粗1.5～5 厘米,具 2～5 节间,具多数圆钝的条棱,干后金黄色,近顶端具 2～5 枚叶。叶革质,长圆形,长达 19 厘米,宽 2～3.5 厘米或更宽,先端急尖而钩转,基部收狭,但不下延为抱茎的鞘。总状花序近茎顶端发出,斜出或稍下垂,长达 20 厘米;花序轴粗壮,疏生多数花;花序柄基部具 4～5 枚鞘;花苞片小,膜质,卵状披针形,长 2～3 毫米,先端急尖;花梗和子房黄色,长达 5 厘米;花质地厚,金黄色,稍带香气;中萼片长圆形,长1.2～2 厘米,中部宽 5～9 毫米,先端稍钝,具 7 条脉;侧萼片与中萼片近等大;萼囊近球形,宽约 4 毫米;花瓣倒卵形,等长于中萼片,宽约为萼片的 2 倍,先端近圆形,具约10 条脉;唇瓣的颜色比萼片和花瓣深,近肾状圆形,长约 2 厘米,宽 2.3 厘米,先端浅 2裂,基部两侧多少具红色条纹,边缘波状,上面密被短绒毛;蕊柱长约 5 毫米。花期 3—5 月。

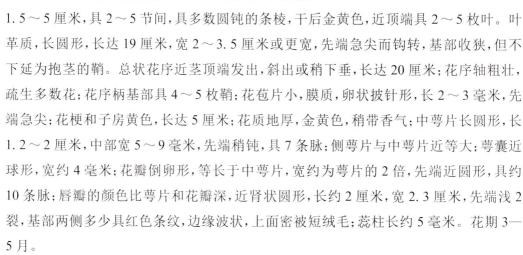

生长习性

喜温暖、潮湿、半阴半阳的环境,对土壤要求不严格。

保护级别

国家二级重点保护野生植物。

主要价值

观赏:鼓槌石斛花型美丽,色彩明艳,可作家庭盆栽或园林绿化美化观赏。

药用:鼓槌石斛具益胃生津、滋阴清热功效,主治热病津伤、口干烦渴、阴虚火旺、目暗不明、筋骨软等症。

繁育技术

一般采用分株方式进行繁育。

宜在花后进行。选择生长较密集的健壮植株,除去老残根,从丛生茎的基部切开,尽可能少伤根系,以3～5株为一组,新芽靠近盆中央,填入新的基质轻轻压实,浇透水。

32

曲茎石斛

🌸 物种简介

曲茎石斛（*Dendrobium flexicaule*）为兰科石斛属多年生草本植物。

📍 分布生境

曲茎石斛在中国主要分布于河南省、湖北省、湖南省、四川省等地。常见于海拔 900～1 500 米的阴湿岩石上，野生的则多在疏松且厚的树干或石缝中生长。

✳ 形态特征

多年生草本植物，茎圆柱形，稍回折状弯曲，长 6～11 厘米，粗 2～3 毫米，不分枝，具数节，节间长 1～1.5 厘米，干后淡棕黄色；叶 2～4 枚，二列，互生于茎的上部，近革质，长圆状披针形，长约 3 厘米，宽 7～10 毫米，先端钝并且稍钩转，基部下延为抱茎的鞘。花序从落了叶的老茎上部发出，具 1～2 朵花；花苞片浅白色，卵状三角形，长约 3 毫米，先端急尖；花梗和子房黄绿色带淡紫，长 3～4.5 厘米；花瓣下部黄绿色，上部近淡紫色，椭圆形，长约 25 毫米，中部宽 13 毫米，先端钝，具 5 条脉；唇瓣淡黄色，先端边缘淡紫色，中部以下边缘紫色，宽卵形，不明显 3 裂，长 17 毫米，宽 14 毫米。花期 5 月。

⚙ 生长习性

曲茎石斛是一种喜阴凉的多年生草本植物，喜在温暖、潮湿、以年降雨量 1 000 毫米以上、半阴半阳的环境，1 月平均气温高于 8 ℃的亚热带深山老林中生长为佳，适宜

生长温度为 15 ℃～28 ℃，适宜生长空气湿度为 60％以上，对土肥要求不甚严格。气生根系，要求根部通透性好。

保护级别

国家一级重点保护野生植物。

主要价值

观赏：曲茎石斛植株青绿曲折，花色洁白，略带淡紫色，被喻为"四大观赏洋花"之一，其既可作切花，也可盆栽观赏。

药用：曲茎石斛为珍贵药材，鲜茎可入药，用来治疗小儿惊风等症。

繁育技术

一般采用分株、分芽、扦插方式进行繁育。

分株：生长较密的植株，开过花后，从盆中取出，除去老根，以主株为一组，从丛生茎的基部切开，分切时尽量少伤根系，将新芽靠近盆中央，填入新的基质并压实，即成新的植株。

分芽：盆栽 3 年以上的植株顶部或基部长有小植株时，可以进行切芽繁殖。选择具有 3～4 片叶，2～3 条根，根长 4～5 厘米的小植株，从母株上切下，用草木灰或 70％的代森锰锌处理伤口，将苗植入盆中浅植。2 年后可开花。

扦插：扦插繁殖可以结合花后换盆和分株时一起进行。选择未开花且健壮的植株作插条。将插条切成数段，每段具 2～3 个节，在伤口上涂上草木灰或 70％的代森锰锌处理伤口。将茎一段一段地插入苔藓和泥炭混合的基质中，一半露在外面，放于半阴、潮湿处。插后 1 周不必浇水，然后经常喷雾保湿，适当遮阴。经过 1～2 个月，在节部有新芽长出，新芽下部长出 2～3 条小根形成新的植株。将新植株连向老茎一起上盆，栽培 2～3 年可开花。扦插时间以 4—8 月为好。

33

钩状石斛

物种简介

　　钩状石斛（*Dendrobium aduncum*）是兰科石斛属植物。

分布生境

　　产中国湖南省、广东省、香港特别行政区、海南省、广西壮族自治区、贵州省、云南省。生于海拔 700～1 000 米的山地林中树干上。不丹、印度东北部、缅甸、泰国、越南也有分布。

形态特征

　　草本植物，茎下垂，圆柱形，长 50～100 厘米，粗 2～5 毫米，有时上部多少弯曲，不分枝，具多个节，节间长 3～3.5 厘米，干后淡黄色。叶长圆形或狭椭圆形，长 7～10.5 厘米，宽 1～3.5 厘米，先端急尖并且钩转，基部具抱茎的鞘。总状花序通常数个，出自落了叶或具叶的老茎上部，花序轴纤细，长 1.5～4 厘米，多少回折状弯曲，疏生 1～6 朵花；花序柄长 5～10 毫米，基部被 3～4 枚长 2～3 毫米的膜质鞘；花苞片膜质，卵状披针形，长 5～7 毫米，先端急尖；花梗和子房长约 1.5 厘米；花开展，萼片和花瓣淡粉红色；中萼片长圆状披针形，长 1.6～2 厘米，宽 7 毫米，先端锐尖，具 5 条脉；侧萼片斜卵状三角形，与中萼片等长而宽得多，先端急尖，具 5 条脉，基部歪斜；萼囊明显坛状，长约 1 厘米。花瓣长圆形，长 1.4～1.8 厘米，宽 7 毫米，先端急尖，具 5 条脉；唇瓣白色，朝上，凹陷呈舟状，展开时为宽卵形，长 1.5～1.7 厘米，前部骤然收狭而先端为短尾状并且反卷，基部具长约 5 毫米的爪，上面除爪和唇盘两侧外密布白色短毛，近基部具 1

个绿色方形的胼胝体;蕊柱白色,长约 4 毫米,下部扩大,顶端两侧具耳状的蕊柱齿,正面密布紫色长毛;蕊柱足长而宽,长约 1 厘米,向前弯曲,末端与唇瓣相连接处具 1 个关节,内面有时疏生毛;药帽深紫色,近半球形,密布乳突状毛,顶端稍凹,前端边缘具不整齐的齿。花期 5—6 月。

生长习性

钩状石斛喜阴,喜温暖、潮湿、半阴半阳的环境。适宜生长温度为 15 ℃ ~ 28 ℃,适宜生长空气湿度为 60% 以上,对土肥要求不严格,野生多在疏松的树皮或树干上、石缝中生长。

保护级别

国家二级重点保护野生植物。

主要价值

观赏:花姿优雅,花色艳丽,气味芬芳,具有很高的观赏价值。

药用:茎入药,具滋阴、清热、益胃、生津、止渴功效。主治热病伤津、口干烦渴、病后虚热、缺乏食欲。

繁育技术

一般采用分株和扦插方式进行繁育。

34

兜唇石斛

物种简介

兜唇石斛（*Dendrobium aphyllum*）是兰科石斛属多年生附生性草本植物。

分布生境

产广西壮族自治区、贵州省、云南省。生于海拔 400～1 500 米的疏林中树干上或山谷岩石上。印度、尼泊尔、不丹、锡金、缅甸、老挝、越南、马来西亚也有分布。

形态特征

茎下垂，肉质，细圆柱形，长 30～90 厘米，粗 4～10 毫米，不分枝，具多数节；节间长 2～3.5 厘米。叶纸质，二列互生于整个茎上，披针形或卵状披针形，长 6～8 厘米，宽 2～3 厘米，先端渐尖，基部具鞘；叶鞘纸质，干后浅白色，鞘口呈杯状张开。总状花序几乎无花序轴，每 1～3 朵花为一束，从落了叶或具叶的老茎上发出；花序柄长 2～5 毫米，基部被 3～4 枚鞘；鞘膜质，长 2～3 毫米；花苞片浅白色，膜质，卵形，长约 3 毫米，先端急尖；花梗和子房暗褐色带绿色，长 2～2.5 厘米；花开展，下垂；萼片和花瓣白色带淡紫红色或浅紫红色的上部或有时全体淡紫红色；中萼片近披针形，长 2.3 厘米，宽 5～6 毫米，先端近锐尖，具 5 条脉；侧萼片相似于中萼片而等大，先端急尖，具 5 条脉，基部歪斜；萼囊狭圆锥形，长约 5 毫米，末端钝；花瓣椭圆形，长 2.3 厘米，宽 9～10 毫米，先端钝，全缘，具 5 条脉；唇瓣宽倒卵形或近圆形，长、宽均约 2.5 厘米，两侧向上

围抱蕊柱而形成喇叭状,基部两侧具紫红色条纹并且收狭为短爪,中部以上部分为淡黄色,中部以下部分浅粉红色,边缘具不整齐的细齿,两面密布短柔毛;蕊柱白色,其前面两侧具红色条纹,长约 3 毫米;药帽白色,近圆锥状,顶端稍凹缺,密布细乳突状毛,前端边缘宽凹缺。蒴果狭倒卵形,长约 4 厘米,粗 1.2 厘米,具长约 1～1.5 厘米的柄。花期 3—4 月,果期 6—7 月。

生长习性

喜温暖、湿润、半阴半阳的环境,对土肥要求不甚严格,野生多在疏松且厚的树皮或树干上生长,有的也生长于石缝中。

保护级别

国家二级重点保护野生植物。

主要价值

观赏:兜唇石斛花形奇特,喇叭状唇瓣,花色艳丽,花姿优雅,具有较高观赏价值。

药用:全草入药,具养阴益胃、生津止渴、清热的功效。主治咳嗽、咽喉痛、口干舌燥、食物中毒等症,外用可治烧、烫伤。

繁育技术

一般采用扦插和分株方式进行繁育。

35

翅萼石斛

物种简介

翅萼石斛（*Dendrobium cariniferum*）是兰科石斛属植物。

分布生境

产云南省。生于海拔 1 100～1 700 米的山地林中树干上。印度东北部、缅甸、泰国、老挝、越南也有分布。

形态特征

茎肉质状粗厚，圆柱形或有时膨大呈纺锤形，长 10～28 厘米，中部粗达 1.5 厘米，不分枝，具 6 个以上的节，节间长 1.5～2 厘米，干后金黄色。叶革质，数枚，二列，长圆形或舌状长圆形，长达 11 厘米，宽 1.5～4 厘米，先端钝并且稍不等侧 2 裂，基部下延为抱茎的鞘，下面和叶鞘密被黑色粗毛。总状花序出自近茎端，常具 1～2 朵花；花序柄长 5～10 毫米，基部被 3～4 枚鞘；花苞片卵形，长 4～5 毫米，先端急尖；花梗和子房长约 3 厘米；子房黄绿色，三棱形；花开展，质地厚，具橘子香气；中萼片浅黄白色，卵状披针形，长约 2.5 厘米，宽 9 毫米，先端急尖，在背面中肋隆起呈翅状；侧萼片浅黄白色，斜卵状三角形，与中萼片近等大；萼囊淡黄色带橘红色，呈角状，长约 2 厘米，近先端处稍弯曲；花瓣白色，长圆状椭圆形，长约 2 厘米，宽 1 厘米，先端锐尖，具 5 条脉；唇瓣喇叭状，3 裂；侧裂片橘红色，围抱蕊柱，近倒卵形，前端边缘具细齿；中裂片黄色，近横长圆形，先端凹，前端边缘具不整齐的缺刻；唇盘橘红色，沿脉上密生粗短的流苏；蕊

柱白色带橘红色,长约7毫米;药帽白色,半球形,前端边缘密生乳突状毛。蒴果卵球形,粗达3厘米。花期3—4月。

生长习性

喜湿润,也耐旱,适合半日照环境,生长适温为18 ℃～28 ℃。

保护级别

国家二级重点保护野生植物。

主要价值

观赏:花大清雅,花色娇艳,气味芳香,既可作切花,也可作盆栽观赏,有极高的观赏价值。

药用:茎入药,具清热养阴、生津益胃的功效,主治热病伤津、病后虚热、口干烦渴、阴伤目暗等症。外用可治跌打损伤、骨折伤筋。

繁育技术

一般采用扦插和分株方式进行繁育。

36

束花石斛

物种简介

束花石斛（*Dendrobium chrysanthum*）是兰科石斛属植物。

分布生境

产广西壮族自治区、贵州省、云南省、西藏自治区。生于海拔 700～2 500 米的山地密林中树干上或山谷阴湿的岩石上。印度、尼泊尔、锡金、不丹、缅甸、泰国、老挝、越南也有分布。

形态特征

茎粗厚，肉质，下垂或弯垂，圆柱形，长 50～200 厘米，粗 5～15 毫米，上部有时稍回折状弯曲，不分枝，具多节，节间长 3～4 厘米，干后浅黄色或黄褐色。叶 2 列，互生于整个茎上，纸质，长圆状披针形，通常长 13～19 厘米，宽 1.5～4.5 厘米，先端渐尖，基部具鞘；叶鞘纸质，干后鞘口常杯状张开，常浅白色。伞状花序近无花序柄，每 2～6 花为一束，侧生于具叶的茎上部；花苞片膜质，卵状三角形，长约 3 毫米；花梗和子房稍扁，长 3.5～6 厘米，粗约 2 毫米；花黄色，质地厚；中萼片多少凹的长圆形或椭圆形，长 15～20 毫米，宽 9～11 毫米，先端钝，具 7 条脉；侧萼片稍凹的斜卵状三角形，长 15～20 毫米，基部稍歪斜而较宽，宽 10～12 毫米，先端钝，具 7 条脉；萼囊宽而钝，长

约 4 毫米;花瓣稍凹的倒卵形,长 16～22 毫米,宽 11～14 毫米,先端圆形,全缘或有时具细啮蚀状,具 7 条脉;唇瓣凹的,不裂,肾形或横长圆形,长约 18 毫米,宽约 22 毫米,先端近圆形,基部具 1 个长圆形的胼胝体并且骤然收狭为短爪,上面密布短毛,下面除中部以下外亦密布短毛;唇盘两侧各具 1 个栗色斑块,具 1 条宽厚的脊从基部伸向中部;蕊柱长约 4 毫米,具长约 6 毫米的蕊柱足;药帽圆锥形,长约 2.5 毫米,几乎光滑的,前端边缘近全缘。蒴果长圆柱形,长 7 厘米,粗约 1.5 厘米。花期 9—10 月。

⚙ 生长习性

喜温暖、潮湿、半阴半阳的环境。适宜生长温度为 15 ℃～28 ℃,适宜生长空气湿度为 60% 以上。对土肥要求不严,野生多在疏松且厚的树皮、树干或石缝中生长。

🌼 保护级别

国家二级重点保护野生植物。

🖊 主要价值

观赏:花姿优雅,色彩鲜艳,气味芳香,既可作切花,也可作盆栽观赏,观赏价值极高。

药用:茎入药,具益胃生津、滋阴清热功效。主治阴伤津亏、口干烦渴、食少干呕、病后虚热、目暗不明等症。

🌱 繁育技术

一般采用扦插和分株方式进行繁育。

37

玫瑰石斛

🌸 物种简介

玫瑰石斛(*Dendrobium crepidatum*)是兰科石斛属多年生附生草本植物。

📍 分布生境

产云南省、贵州省。生于海拔 1 000～1 800 米的山地疏林中树干上或山谷岩石上。印度、尼泊尔、锡金、不丹、缅甸、泰国、老挝、越南也有分布。

✳ 形态特征

茎悬垂,肉质状肥厚,青绿色,圆柱形,通常长 30～40 厘米,粗约 1 厘米,基部稍收狭,不分枝,具多节,节间长 3～4 厘米,被绿色和白色条纹的鞘,干后紫铜色。叶近革质,狭披针形,长 5～10 厘米,宽 1～1.25 厘米,先端渐尖,基部具抱茎的膜质鞘。总状花序很短,从落了叶的老茎上部发出,具 1～4 朵花;花序柄长约 3 毫米,基部被 3～4 枚干膜质的鞘;花苞片卵形,长约 4 毫米,先端锐尖;花梗和子房淡紫红色,长约 3.5 厘米;花质地厚,开展;萼片和花瓣白色,中上部淡紫色,干后蜡质状;中萼片近椭圆形,长 2.1 厘米,宽 1 厘米,先端钝,具 5 条脉;侧萼片卵状长圆形,与中萼片近等大,先端钝,基部歪斜,具 5 条脉,在背面,其中肋多少龙骨状隆起;萼囊小,近球形,长约 5 毫米;花瓣宽倒卵形,长 2.1 厘米,宽 1.2 厘米,先端近圆形,具 5 条脉;唇瓣中部以上淡紫红色,中部以下金黄色,近圆形或宽倒卵形,长约等于宽,2 厘米,中部以下两侧围抱蕊柱,上面密布短柔毛;蕊柱白色,前面具 2 条紫红色条纹,长约 3 毫米;药帽近圆锥形,顶端收狭而向前弯,前端边缘具细齿。花期3—4月。

生长习性

喜温暖、潮湿、半阴半阳的环境。适宜生长温度为 15 ℃ ～ 28 ℃,适宜生长空气湿度为 60 % 以上。对土肥要求不严,野生多在疏松且厚的树皮、树干或石缝中生长。

保护级别

国家二级重点保护野生植物。

主要价值

观赏:株型别致,花色娇艳,可作切花,也可盆栽、板栽观赏,有很高的观赏价值。

药用:茎入药,具滋阴益胃、生津除烦功效。主治口干烦渴、阴伤津亏、病后虚热、目暗不明、肺痨等症。

繁育技术

一般采用扦插和分株方式进行繁育。

38

流苏石斛

物种简介

流苏石斛（*Dendrobium fimbriatum*）是兰科石斛属多年生附生草本植物。

分布生境

产广西壮族自治区、贵州省、云南省。生于海拔 600～1 700 米，密林中树干上或山谷阴湿岩石上。印度、尼泊尔、锡金、不丹、缅甸、泰国、越南也有分布。

形态特征

茎粗壮，斜立或下垂，质地硬，圆柱形或有时基部上方稍呈纺锤形，长 50～100 厘米，粗 8～20 毫米，不分枝，具多数节，干后淡黄色或淡黄褐色，节间长 3.5～4.8 厘米，具多数纵槽。叶二列，革质，长圆形或长圆状披针形，长 8～15.5 厘米，宽 2～3.6 厘米，先端急尖，有时稍 2 裂，基部具紧抱于茎的革质鞘。总状花序长 5～15 厘米，疏生6～12 朵花；花序轴较细，多少弯曲；花序柄长 2～4 厘米，基部被数枚套叠的鞘；鞘膜质，筒状，位于基部的最短，长约 3 毫米，顶端的最长，达 1 厘米；花苞片膜质，卵状三角形，长 3～5 毫米，先端锐尖；花梗和子房浅绿色，长 2.5～3 厘米；花金黄色，质地薄，开展，稍具香气；中萼片长圆形，长 1.3～1.8 厘米，宽 6～8 毫米，先端钝，边缘全缘，具 5条脉；侧萼片卵状披针形，与中萼片等长而稍较狭，先端钝，基部歪斜，全缘，具 5 条脉；

萼囊近圆形，长约 3 毫米；花瓣长圆状椭圆形，长 1.2～1.9 厘米，宽 7～10 毫米，先端钝，边缘微啮蚀状，具 5 条脉；唇瓣比萼片和花瓣的颜色深，近圆形，长 15～20 毫米，基部两侧具紫红色条纹并且收狭为长约 3 毫米的爪，边缘具复流苏，唇盘具 1 个新月形横生的深紫色斑块，上面密布短绒毛；蕊柱黄色，长约 2 毫米，具长约 4 毫米的蕊柱足；药帽黄色，圆锥形，光滑，前端边缘具细齿。花期 4—6 月。

生长习性

喜温暖、湿润、半阴半阳的环境，也耐干旱。适宜生长温度为 15 ℃～28 ℃，适宜生长空气湿度为 60％以上。对土肥要求不严，野生多在疏松且厚的树皮、树干或石缝中生长。

保护级别

国家二级重点保护野生植物。

主要价值

观赏：金黄色花朵明媚娇艳，高贵雅致，观赏价值很高。

药用：茎入药，有滋阴清热、生津止渴功效。主治阴伤津亏、口干烦渴、食少干呕、病后虚热、目暗不明。

繁育技术

一般采用扦插和分株方式进行繁育。

39

棒节石斛

物种简介

棒节石斛（*Dendrobium findlayanum*），也称蜂腰石斛，是兰科石斛属多年生附生草本植物。

分布生境

产云南省。生于海拔 800～900 米的山地疏林中树干上。缅甸、泰国、老挝也有。

形态特征

茎直立或斜立，通常长约 20 厘米，粗 7～10 毫米，不分枝，具数节；节间扁棒状或棒状，长 3～3.5 厘米，基部常宿存纸质叶鞘。叶革质，互生于茎的上部，披针形，长 5.5～8 厘米，宽 1.3～2 厘米，先端稍钝并且不等侧 2 裂，基部具抱茎的鞘；总状花序通常从落了叶的老茎上部发出，具 2 朵花；花序柄长 6～16 厘米，基部被长约 5 毫米的膜质鞘；花苞片膜质，卵状三角形，长约 6 毫米；花梗和子房淡玫瑰色，长 5～6 厘米；花白色带玫瑰色先端，开展；中萼片长圆状披针形，长 3.5～3.7 厘米，宽 9 毫米，先端近钝尖，具 5 条脉；侧萼片卵状披针形，长 3.5～3.7 厘米，宽 9 毫米，先端近急尖，具 5 条脉；萼囊近圆筒形，长 5 毫米；花瓣宽长圆形，长 3.5～3.7 厘米，宽 1.8 厘米，先端急尖，基部稍收狭为短爪，具 5 条脉；唇瓣近圆形，凹的，宽约 2.4 厘米，先端锐尖带玫瑰色，基部两侧具紫红色条纹；唇盘中央金黄色，密布短柔毛；蕊柱前面具紫红色条纹，长约 8 毫米；药帽白色，顶端圆钝。花期 3 月。

❀ 生长习性

喜温暖、湿润、半阴半阳的环境,也耐干旱。适宜生长温度为 15 ℃ ～ 28 ℃,适宜生长空气湿度为 60％以上。对土肥要求不严,野生多在疏松且厚的树皮、树干或石缝中生长。

❀ 保护级别

国家二级重点保护野生植物。

❀ 主要价值

观赏:花朵色彩斑斓,美丽娇艳,观赏价值极高。

❀ 繁育技术

一般采用扦插和分株方式进行繁育。

40

细叶石斛

物种简介

细叶石斛（*Dendrobium hancockii*）是兰科石斛属多年生附生草本植物。

分布生境

产陕西省、甘肃省、河南省、湖北省、湖南省、广西壮族自治区、四川省、贵州省、云南省。生于海拔700～1500米的山地林中树干上或山谷岩石上。

形态特征

茎直立，质地较硬，圆柱形或有时基部上方有数个节间膨大而形成纺锤形，长达80厘米，粗2～20毫米，通常分枝，具纵槽或条棱，干后深黄色或橙黄色，有光泽，节间长达4.7厘米。叶通常3～6枚，互生于主茎和分枝的上部，狭长圆形，长3～10厘米，宽3～6毫米，先端钝并且不等侧2裂，基部具革质鞘。总状花序长1～2.5厘米，具1～2朵花，花序柄长5～10毫米；花苞片膜质，卵形，长约2毫米，先端急尖；花梗和子房淡黄绿色，长12～15毫米，子房稍扩大；花质地厚，稍具香气，开展，金黄色，仅唇瓣侧裂片内侧具少数红色条纹；中萼片卵状椭圆形，长1～2.4厘米，宽3.5～8毫米，先端急尖，具7条脉；侧萼片卵状披针形，与中萼片等长，但稍较狭，先端急尖，具7条脉；萼囊短圆锥形，长约5毫米；花瓣斜倒卵形或近椭圆形，与中萼片等长而较宽，先端锐尖，具7条脉，唇瓣长宽相等，1～2厘米，基部具1个胼胝体，中部3裂；侧裂片围抱蕊柱，近半圆形，先端圆形；中裂片近扁圆形或肾状圆形，

先端锐尖;唇盘通常浅绿色,从两侧裂片之间到中裂片上密布短乳突状毛;蕊柱长约 5 毫米,基部稍扩大,具长约 6 毫米的蕊柱足;蕊柱齿近三角形,先端短而钝;药帽斜圆锥形,表面光滑,前面具 3 条脊,前端边缘具细齿。花期 5—6 月。

⚙ 生长习性

　　喜温暖、湿润、半阴半阳的环境,也耐干旱。适宜生长温度为 15 ℃～28 ℃,适宜生长空气湿度为 60％以上。对土肥要求不严,野生多在疏松且厚的树皮、树干或石缝中生长。

保护级别

　　国家二级重点保护野生植物。

主要价值

　　观赏:花姿优雅,玲珑可爱,花色鲜艳,气味芳香,有极高的观赏价值。

　　药用:茎入药,具养阴益胃、生津止渴功效。用于治疗热病伤津、口干烦渴、病后虚热、食欲不振。

繁育技术

　　一般采用扦插和分株方式进行繁育。

41

小黄花石斛

🌀 **物种简介**

小黄花石斛（*Dendrobium jenkinsii*）是兰科石斛属多年生附生草本植物。

📍 **分布生境**

产云南省。常生于海拔 700～1 300 米的疏林中树干上。锡金、不丹、印度东北部、缅甸、泰国、老挝也有分布。

✳ **形态特征**

附生植物。植物体各部分较小；茎长 1～2.5 厘米，具 2～3 节；叶长 1～3 厘米；总状花序短于或约等长于茎，具 1～3 朵花，唇瓣整个上面密被短柔毛。花期 4—5 月。

⚙ **生长习性**

喜较强光照、通风良好的环境，生长适温 18 ℃～28 ℃。

🌾 **保护级别**

国家二级重点保护野生植物。

✏ **主要价值**

观赏：花色娇艳，形态美观，具有很高的观赏价值。

药用：全草有滋阴清热、润肺止咳的功效，主治肺热咳嗽、哮喘等症。

繁育技术

一般采用分株方式进行繁育。

42

聚石斛

物种简介

聚石斛（*Dendrobium lindleyi*）是兰科石斛属多年生附生草本植物。

分布生境

产广东省、香港特别行政区、海南省、广西壮族自治区、贵州省。喜生阳光充裕的疏林中树干上,海拔达1 000米。锡金、不丹、印度、缅甸、泰国、老挝、越南也有分布。

形态特征

茎假鳞茎状,密集或丛生,多少两侧压扁状,纺锤形或卵状长圆形,长1～5厘米,粗5～15毫米,顶生1枚叶,基部收狭,具4个棱和2～5个节,干后淡黄褐色并且具光泽;节间长1～2厘米,被白色膜质鞘。叶革质,长圆形,长3～8厘米,宽6～30毫米,先端钝并且微凹,基部收狭,但不下延为鞘,边缘多少波状。总状花序从茎上端发出,远比茎长,长达27厘米,疏生数朵至10余朵花;花苞片小,狭卵状三角形,长约2毫米;花梗和子房黄绿色带淡紫色,长3～5.5厘米;花橘黄色,开展,薄纸质;中萼片卵状披针形,长约2厘米,宽7～8毫米,先端稍钝;侧萼片与中萼片近等大;萼囊近球形,长约5毫米;花瓣宽椭圆形,长2厘米,宽1厘米,先端圆钝;唇瓣横长圆形或近肾形,通常长约1.5厘米,宽2厘米,不裂,中部以下两侧围抱蕊柱,先端通常凹缺,唇盘在中部以下密被短柔毛;蕊柱粗短,长约4毫米;药帽半球形,光滑,前端边缘不整齐。花期4—5月。

生长习性

喜高温、高湿、半阴半阳环境,忌酷热及干燥,忌阳光直射。

保护级别

国家二级重点保护野生植物。

主要价值

观赏:花朵金黄,小巧可爱,形态美观,具有很高的观赏价值。

药用:全草入药,具有滋阴补肾、清热除烦、益胃生津的功效。主治皮肤恶疮、支气管炎、咳嗽、类风湿病和肺结核等症。

繁育技术

一般采用分株方式进行繁育。

43

美花石斛

物种简介

美花石斛（*Dendrobium loddigesii*）是兰科石斛属多年生附生草本植物。

分布生境

产广西壮族自治区、广东省、海南省、贵州省、云南省。生于海拔 400～1 500 米的山地林中树干上或林下岩石上。老挝、越南也有分布。

形态特征

茎柔弱，常下垂，细圆柱形，长 10～45 厘米，粗约 3 毫米，有时分枝，具多节；节间长 1.5～2 厘米，干后金黄色。叶纸质，二列，互生于整个茎上，舌形，长圆状披针形或稍斜长圆形，通常长 2～4 厘米，宽 1～1.3 厘米，先端锐尖而稍钩转，基部具鞘，干后上表面的叶脉隆起呈网格状；叶鞘膜质，干后鞘口常张开。花白色或紫红色，每束 1～2 朵侧生于具叶的老茎上部；花序柄长 2～3 毫米，基部被 1～2 枚短的、杯状膜质鞘；花苞片膜质，卵形，长约 2 毫米，先端钝；花梗和子房淡绿色，长 2～3 厘米；中萼片卵状长圆形，长 1.7～2 厘米，宽约 7 毫米，先端锐尖，具 5 条脉；侧萼片披针形，长 1.7～2 厘米，宽 6～7 毫米，先端急尖，基部歪斜，具 5 条脉；萼囊近球形，长约 5 毫米；花瓣椭圆形，与中萼片等长，宽 8～9 毫米，先端稍钝，全缘，具 3～5 条脉；唇瓣近圆形，直径 1.7～2 厘米，上面中央金黄色，周边淡紫红色，稍凹的，边缘具短流苏，两面密布短柔毛；蕊柱白色，正面两侧具红色条纹，长约 4 毫米；药帽白色，近圆锥形,密布细乳突状毛,前端边缘具不整齐的齿。花期4—5月。

🌼 生长习性

喜温暖湿润的半阴环境,耐热、不耐寒。多生于海拔400米～1 500米的山地林中、树干上或林下岩石上。

🐾 保护级别

国家二级重点保护野生植物。

💿 主要价值

观赏:花姿优雅,气味芳香,可作切花,也可作盆栽观赏,具有很高的观赏价值。

药用:茎入药,有滋阴清热、生津止渴功效。主治阴伤津亏、口干烦渴、食少干呕、病后虚热、目暗不明。

🌱 繁育技术

一般采用扦插和分株方式进行繁育。

44

肿节石斛

　　肿节石斛（*Dendrobium pendulum*）是兰科石斛属多年生附生草本植物。

📍 **分布生境**

　　产云南省。生于海拔 1 050～1 600 米的山地疏林中树干上。印度、缅甸、泰国、越南、老挝也有分布。

✳ **形态特征**

　　茎斜立或下垂，肉质状肥厚，圆柱形，通常长 22～40 厘米，粗 1～1.6 厘米，不分枝，具多节，节肿大呈算盘珠子样，节间长 2～2.5 厘米，干后淡黄色带灰色。叶纸质，长圆形，长 9～12 厘米，宽 1.7～2.7 厘米，先端急尖，基部具抱茎的鞘；叶鞘薄革质，干后鞘口多少张开。总状花序通常出自落了叶的老茎上部，具 1～3 朵花；花序柄较粗短，长 2～5 毫米，基部被 1～2 枚长约 6 毫米的筒状鞘；花苞片浅白色，纸质，宽卵形，长约 8 毫米，先端钝；花梗黄绿色，连同淡紫红色的子房长 3～4 厘米；花大，白色，上部紫红色，开展，具香气，干后蜡质状；中萼片长圆形，长约 3 厘米，宽 1 厘米，先端锐尖，具 5 条脉；侧萼片与中萼片等大，同形，先端锐尖，基部稍歪斜，具 5 条脉；萼囊紫红色，近圆锥形，长约 5 毫米；花瓣阔长圆形，长 3 厘米，宽 1.5 厘米，先端钝，基部近楔形收狭，边缘具细齿，具 6 条脉和多数支脉；唇瓣白色，中部以下金黄色，上部紫红色，近圆形，长约 2.5 厘米，中部以下两侧围抱蕊柱，基部具很短

的爪,边缘具睫毛,两面被短绒毛;蕊柱长约 4 毫米,下部扩大,背面稍被细乳突;药帽近圆锥形,被细乳突状毛,前端稍收狭而近截形并具啮蚀状。花期 3 ～ 4 月。

⚙ 生长习性

喜温暖、湿润、半阴半阳的环境,也耐干旱。适宜生长温度为 15 ℃ ～ 28 ℃,适宜生长空气湿度为 60％以上。对土肥要求不严,野生多在疏松且厚的树皮、树干或石缝中生长。

🐾 保护级别

国家二级重点保护野生植物。

🔘 主要价值

观赏:花姿优雅奇特,花色鲜艳,气味芳香,观赏价值极高。可盆栽或附树栽,可用于阳台、窗台及室内悬挂装饰,也可作兰花专类景观。

药用:茎入药,有滋阴清热、生津止渴功效,主治喉咙发痒、咳嗽等症。外用可治跌打损伤、骨折伤筋。

🌱 繁育技术

一般采用扦插和分株方式进行繁育。

45

球花石斛

物种简介

球花石斛（*Dendrobium thyrsiflorum*）是兰科石斛属多年生附生草本植物。

分布生境

产云南省。生于海拔 1 100～1 800 的山地林中树干上。印度、缅甸、泰国、老挝、越南也有分布。

形态特征

茎直立或斜立,圆柱形,长 12～46 厘米,粗 7～16 毫米,基部收狭为细圆柱形,不分枝,具数节,黄褐色并且具光泽,有数条纵棱。叶 3～4 枚互生于茎的上端,革质,长圆形或长圆状披针形,长 9～16 厘米,宽 2.4～5 厘米,先端急尖,基部不下延为抱茎的鞘,但收狭为长约 6 毫米的柄。总状花序侧生于带有叶的老茎上端,下垂,长 10～16 厘米,密生许多花,花序柄基部被 3～4 枚纸质鞘;花苞片浅白色,纸质,倒卵形,长 10～15 毫米,宽 5～13 毫米,先端圆钝,具数条脉,干后不席卷;花梗和子房浅白色带紫色条纹,长 2.5～3 厘米;花开展,质地薄,萼片和花瓣白色;中萼片卵形,长约 1.5 厘米,宽 8 毫米,先端钝,全缘,具 5 条脉;侧萼片稍斜卵状披针形,长 1.7 厘米,宽 7 毫米,先端钝,全缘,具 5 条脉;萼囊近球形,宽约 4 毫米;花瓣近圆形,长 14 毫米,宽 12 毫米,先端圆钝,基部具长约 2 毫米的爪,具 7 条脉和许多支脉,基部以上边缘具不整齐的细齿;唇瓣金黄色,半圆状三角形,长 15 毫米,宽 19 毫米,先端圆钝,基部具长约 3 毫米的爪,上面密布短绒毛,背面疏被短绒毛;爪的前方具

1 枚倒向的舌状物；蕊柱白色，长 4 毫米；蕊柱足淡黄色，长 4 毫米；药帽白色，前后压扁的圆锥形。花期 4—5 月。

⚙ 生长习性

喜温暖、湿润、半阴半阳的环境，也耐干旱。适宜生长温度为 15 ℃～28 ℃，适宜生长空气湿度为 60％以上。对土肥要求不严，野生多在疏松且厚的树皮、树干或石缝中生长。

🛡 保护级别

国家二级重点保护野生植物。

✍ 主要价值

观赏：花姿优雅，花色鲜艳，气味芳香，既可作切花，也可作盆栽，可用于装饰客厅、卧室、窗台，也可用于布置兰花专类园，观赏价值极高。

🌱 繁育技术

一般采用分株方式进行繁育。

46

翅梗石斛

物种简介

翅梗石斛(*Dendrobium trigonopus*)是兰科石斛属多年生附生草本植物。

分布生境

产云南省。生于海拔 1 150～1 600 米的山地林中树干上。缅甸、泰国、老挝也有分布。

形态特征

茎丛生,肉质状粗厚,呈纺锤形或有时棒状,长5～11厘米,中部粗 12～15 毫米,不分枝,具 3～5节,节间长约 2 厘米,干后金黄色。叶厚革质,3～4 枚近顶生,长圆形,长 8～9.5 厘米,宽 15～25 毫米,先端锐尖,基部具抱茎的短鞘,在上面中肋凹下,在背面的脉上被稀疏的黑色粗毛。总状花序出自具叶的茎中部或近顶端,常具 2 朵花,花序柄长 1～4 厘米;花苞片肉质,卵状三角形,长约 5 毫米,先端锐尖;花梗和子房黄绿色,长 3～4 厘米,子房三棱形;花下垂,不甚开展,质地厚,除唇盘稍带浅绿色外,均为蜡黄色;中萼片和侧萼片近相似,狭披针形,长约 3 厘米,宽 1 厘米,先端急尖,中部以上两侧边缘上举,在背面中肋隆起呈翅状,侧萼片的基部仅部分着生在蕊柱足上;萼囊近球形,长约 4 毫米;花瓣卵状长圆形,长约 2.5 厘米,宽 1.1 厘米,先端急尖,具 8 条脉;唇瓣直立,与蕊柱近平行,长 2.5 厘米,基部具短爪,3 裂;侧裂片围抱蕊柱,近倒卵形,先端圆形,上部边缘具细齿;中裂片近圆形,比两侧裂片先端之间的宽小,唇盘密被乳突;蕊柱长约 6 毫米,

蕊柱齿上缘具数个浅缺刻；药帽圆锥形，长约 5 毫米，光滑。花期 3—4 月。

⚙ 生长习性

　　喜在温暖、潮湿、半阴半阳的环境，适宜生长温度为 15 ℃～28 ℃，适宜生长空气湿度为 60% 以上，对土肥要求不严，野生多在疏松且厚的树皮或树干上生长，有的也生长于石缝中。

🍃 保护级别

　　国家二级重点保护野生植物。

✏ 主要价值

　　观赏：花姿优雅，花色鲜艳，可盆栽于阳台、窗台，或庭院附石附树栽，具有极高的观赏价值。

　　药用：茎可入药，有滋阴养胃、生津止渴、清热除烦的功效。主治喉咙发痒、咳嗽等症。

🌱 繁育技术

　　一般采用分株方式进行繁育。

47

大苞鞘石斛

🌼 物种简介

　　大苞鞘石斛（*Dendrobium wardianum*）是兰科石斛属多年生附生草本植物。

📍 分布生境

　　产云南省。生于海拔1 350～1 900米的山地疏林中树干上。不丹、印度东北部、缅甸、泰国、越南也有分布。

✳ 形态特征

　　茎斜立或下垂，肉质状肥厚，圆柱形，通常长16～46厘米，粗7～15毫米，不分枝，具多节；节间多少肿胀呈棒状，长2～4厘米，干后琉黄色带污黑。叶薄革质，二列，狭长圆形，长5.5～15厘米，宽1.7～2厘米，先端急尖，基部具鞘；叶鞘紧抱于茎，干后鞘口常张开。总状花序从落了叶的老茎中部以上部分发出，具1～3朵花；花序柄粗短，长2～5毫米，基部具3～4枚宽卵形的鞘；花苞片纸质，大型，宽卵形，长2～3厘米，宽1.5厘米，先端近圆形；花梗和子房白色带淡紫红色，长约5毫米；花大，开展，白色带紫色先端；中萼片长圆形，长4.5厘米，宽1.8厘米，先端钝，具8～9条主脉和许多近横生的支脉；侧萼片与中萼片近等大，先端钝，基部稍歪斜，具8～9条主脉和许多近横生的支脉；萼囊近球形，长约5毫米；花瓣宽长圆形,与中萼片等长而较宽,达 2.8 厘米,先端钝,基部具短爪,具 5 条主脉和许多支脉;唇瓣白色带紫色先端,宽卵形,长约 3.5 厘米,宽 3.2 厘米,中部以下两侧围抱蕊柱,先端圆形,基部金黄色并且具短爪,两面密布短毛,唇盘两侧各具 1 个暗紫色斑块;蕊柱长约 5 毫米,基部扩大;药帽宽圆锥形,无毛,前端边缘具不整齐的齿。花期 3—5 月。

⚙ 生长习性

喜在温暖、潮湿、半阴半阳的环境,适宜生长温度为 15 ℃～28 ℃,适宜生长空气湿度为 60% 以上,对土肥要求不严,野生多在疏松且厚的树皮或树干上生长,有的也生长于石缝中。

🌿 保护级别

国家二级重点保护野生植物。

🖋 主要价值

观赏:花姿优雅,玲珑剔透,气味芳香,可作切花,也可作盆栽观赏,具有很高的观赏价值。

药用:茎入药,有滋阴清热、生津止渴功效。主治阴伤津亏、口干烦渴、食少干呕、病后虚热、目暗不明等症。

🌱 繁育技术

一般采用分株方式进行繁育。

48

黑毛石斛

物种简介

黑毛石斛（*Dendrobium williamsonii*）是兰科石斛属多年生附生草本植物。

分布生境

产海南省、广西壮族自治区、云南省。生于海拔约 1 000 米的林中树干上。印度、缅甸、越南也有分布。

形态特征

茎圆柱形，有时肿大呈纺锤形，长达 20 厘米，粗 4～6 毫米，不分枝，具数节，节间长 2～3 厘米，干后金黄色。叶数枚，通常互生于茎的上部，革质，长圆形，长 7～9.5 厘米，宽 1～2 厘米，先端钝并且不等侧 2 裂，基部下延为抱茎的鞘，密被黑色粗毛，尤其叶鞘。总状花序出自具叶的茎端，具 1～2 朵花；花序柄长 5～10 毫米，基部被 3～4 枚短的鞘；花苞片纸质，卵形，长约 5 毫米，先端急尖；花开展，萼片和花瓣淡黄色或白色，相似，近等大，狭卵状长圆形，长 2.5～3.4 厘米，宽 6～9 毫米，先端渐尖，具 5 条脉；中萼片的中肋在背面具矮的狭翅；侧萼片与中萼片近等大，但基部歪斜，具 5 条脉，在背面的中肋具矮的狭翅；萼囊劲直，角状，长 1.5～2 厘米；唇瓣淡黄色或白色，带橘红色的唇盘，长约 2.5 厘米，3 裂；侧裂片围抱蕊柱，近倒卵形，前端边缘稍波状；中裂片近圆形或宽椭圆形，先端锐尖，边缘波状；唇盘沿脉纹疏生粗短的流苏；蕊柱长约 6 毫米；药帽短圆锥形，前端边缘密生短髯毛。花期 4—5 月。

⚙ 生长习性

喜在温暖、潮湿、半阴半阳的环境，适宜生长温度为 15 ℃～28 ℃，适宜生长空气湿度为 60%以上，对土肥要求不严，野生多在疏松且厚的树皮或树干上生长，有的也生长于石缝中。

保护级别

国家二级重点保护野生植物。

主要价值

观赏：花姿优雅，气味芳香，可作切花，也可作盆栽观赏，具有很高的观赏价值。

药用：茎入药，有滋阴清热、生津止渴功效。主治阴伤津亏、口干烦渴、食少干呕、病后虚热、目暗不明。

繁育技术

一般采用分株方式进行繁育。

49

手 参

物种简介

手参（*Gymnadenia conopsea*）是兰科手参属植物。

分布生境

产黑龙江省、吉林省、辽宁省、内蒙古自治区、河北省、山西省、陕西省、甘肃省、四川省、云南省、西藏自治区。朝鲜半岛、日本、俄罗斯西伯利亚至欧洲一些国家也有分布。生于海拔 265～4 700 米的山坡林下、草地或砾石滩草丛中。

形态特征

地生草本。植株高 20～60 厘米。块茎椭圆形，长 1～3.5 厘米，肉质，下部掌状分裂，裂片细长。茎直立，圆柱形，基部具 2～3 枚筒状鞘，其上具 4～5 枚叶，上部具 1 至数枚苞片状小叶。叶片线状披针形、狭长圆形或带形，长 5.5～15 厘米，宽 1～2.5 厘米，先端渐尖或稍钝，基部收狭成抱茎的鞘。总状花序具多数密生的花，圆柱形，长 5.5～15 厘米；花苞片披针形，直立伸展，先端长渐尖成尾状，长于或等长于花；子房纺锤形，顶部稍弧曲，连花梗长约 8 毫米；花粉红色，罕为粉白色；中萼片宽椭圆形或宽卵状椭圆形，长 3.5～5 毫米，宽 3～4 毫米，先端急尖，略呈兜状，具 3 脉；侧萼片斜卵形，反折，边缘向外卷，较中萼片稍长或几等长，先端急尖，具 3 脉，前面的 1 条脉常具支脉；花瓣直立，斜卵状三角形，与中萼片等长，与侧萼片近等宽，边缘具细锯齿，先端急尖，具 3

脉,前面的 1 条脉常具支脉,与中萼片相靠;唇瓣向前伸展,宽倒卵形,长 4～5 毫米,前部 3 裂,中裂片较侧裂片大,三角形,先端钝或急尖;距细而长,狭圆筒形,下垂,长约 1 厘米,稍向前弯,向末端略增粗或略渐狭,长于子房;花粉团卵球形。花期 6—8 月。

生长习性

手参地下根浅,耐寒,稍耐水渍。喜掺细沙的草炭土,腐殖质土和肥沃的山地黑土,稍耐碱。

保护级别

国家二级重点保护野生植物。

主要价值

药用:具有止咳平喘、益肾健脾、理气和血、止痛功效;主治肺虚咳喘、虚劳消瘦、神经衰弱、肾虚腰腿酸软、尿频、慢性肝炎、久泻、失血、带下、乳少、跌打损伤等症。

繁育技术

手参多采用播种方式进行繁育。

播种:平地栽参多采用正南畦向;山地栽参,依山势坡度适当采取横山和顺山或成一定角度作畦。通常 7—8 月进行育苗,采种后可趁鲜播种,种子在土中经过后熟过程,第二年春可出苗。或将种子进行沙埋催芽。春播可在春分前后种子尚未萌动时进行。在整好的畦面上,按行距 5 厘米、株距 3 厘米条播,覆土 2 厘米,再覆 3～5 厘米厚的秸秆,以利保湿。经沙藏处理已裂口的手参种子,如用 0.1 毫升 / 升的 abt 生根粉溶液浸种,可显著增加手参根重。

50

西南手参

🌱 物种简介

西南手参（*Gymnadenia orchidis*）是兰科手参属
植物。

📍 分布生境

产陕西省、甘肃省、青海省、湖北省、四川省、云
南省、西藏自治区，生于海拔 2 800～4 100 米的山
坡林下、灌丛下和高山草地中。克什米尔地区至不
丹、印度东北部也有分布。

✳ 形态特征

植株高 17～35 厘米。块茎卵状椭圆形，长 1～3 厘米，肉质，下部掌状分裂，裂片
细长。茎直立，较粗壮，圆柱形，基部具 2～3 枚筒状鞘，其上具 3～5 枚叶，上部具 1 至
数枚苞片状小叶。叶片椭圆形或椭圆状长圆形，长 4～16 厘米，宽 2.5～4.5 厘米，先
端钝或急尖，基部收狭成抱茎的鞘。总状花序具多数密生的花，圆柱形，长 4～14 厘米；
花苞片披针形，直立伸展，先端渐尖，不成尾状，最下部的明显长于花；子房纺锤形，顶
部稍弧曲，连花梗长 7～8 毫米；花紫红色或粉红色，极罕为带白色；中萼片直立，卵形，
长 3～5 毫米，宽 2～3.5 毫米，先端钝，具 3 脉；侧萼片反折，斜卵形，较中萼片稍长和
宽，边缘向外卷，先端钝，具 3 脉，前面 1 条脉常具支脉；花瓣直立，斜宽卵状三角形，与

中萼片等长且较宽,较侧萼片稍狭,边缘具波状齿,先端钝,具3脉,前面的1条脉常具支脉;唇瓣向前伸展,宽倒卵形,长3~5毫米,前部3裂,中裂片较侧裂片稍大或等大,三角形,先端钝或稍尖;距细而长,狭圆筒形,下垂,长7~10毫米,稍向前弯,向末端略增粗或稍渐狭,通常长于子房或等长;花粉团卵球形。

⚙ 生长习性

西南手参形态略呈手掌状,下部具有指状分枝。生长年限越长其分枝越多,通常一年生为1指状分枝,两年生为2指状分枝,三年生为3指状分枝,四年生为4指状分枝,生长超过四年西南手参块茎开始萎缩。西南手参药材商品多见2~4指状分枝。耐严寒,适生于草甸土、亚高山和高山草甸土、沼泽土、风沙土等土壤中。

🏵 保护级别

国家二级重点保护野生植物。

🔘 主要价值

观赏:西南手参是一种珍稀的高山野生花卉,适于盆栽或花坛、林下种植。具有一定的观赏性。

药用:块茎入药,具有补肾益气和生津润肺的功效。

🌿 繁育技术

同手参。

51
血叶兰

物种简介

血叶兰（*Ludisia discolor*）是兰科血叶兰属多年岩石生草本植物。

分布生境

产于中国广东省、香港特别行政区、海南省、广西壮族自治区和云南省。缅甸、越南、泰国、马来西亚、印度尼西亚和大洋洲的纳吐纳群岛也有分布。

形态特征

多年岩石生草本植物。植株高 10～25 厘米。根状茎伸长，匍匐，具节。茎直立，在近基部具 2～4 枚叶。叶片卵形或卵状长圆形，鲜时较厚，肉质，长 3～7 厘米，宽 1.7～3 厘米，上面黑绿色，具 5 条金红色有光泽的脉，背面淡红色，具柄；叶柄长 1.5～2.2 厘米，下部扩大成抱茎的鞘；叶之上的茎上具 2～3 枚淡红色的鞘状苞片。总状花序顶生，具几朵至 10 余朵花，长 3～8 厘米；花苞片卵形或卵状披针形，带淡红色，膜质，长约 1.5 厘米；花白色或带淡红色，直径约 7 毫米。花瓣近半卵形，长 8～9 毫米，宽 2～2.2 毫米；唇瓣长 9～10 毫米，下部与蕊柱的下半部合生成管，基部具囊，上部通常扭转，中部稍扩大，宽 2 毫米，顶部扩大成横长方形片，宽 5～6 毫米。花期 2—4 月。

生长习性

生于海拔 900～1 300 米的山坡或沟谷常绿阔叶林下阴湿处，喜温和、潮湿、半阴环境,较耐热,不耐低温,盆栽基质宜用细沙、木炭碎加腐叶土混合而成,浅盆浅植。

保护级别

国家二级重点保护野生植物。

主要价值

观赏:血叶兰的叶片和花序呈独特的血红色,具有很高的观赏价值。在园林绿化中,血叶兰常被用于布置花坛、花境或作为盆栽植物,也可用于制作插花、花束等。

药用:全草可入药,具有滋阴润肺、活血化瘀、消肿止痛、祛风除湿等功效,主治跌打损伤、风湿骨痛等症。

繁育技术

一般采用分株方式进行繁育。

春秋两季均可进行,一般每隔 3 年分株 1 次。凡植株生长健壮,密集的都可分株。分株前要减少灌水,使盆土较干燥。分株后上盆时,先以碎瓦片覆在盆底孔上,再铺上粗石子,占盆深度 1/5 至 1/4,再放粗粒土及少量细土,然后用富含腐殖质的沙质壤土栽植。上铺翠云草或细石子,最后浇透水,置阴处 10～15 天,保持土壤潮湿。逐渐减少浇水,进行正常养护。

52
杏黄兜兰

物种简介

杏黄兜兰（*Paphiopedilum armeniacum*）是兰科兜兰属植物。

分布生境

产云南省。生于海拔1 400～2 100米的石灰岩壁积土处或多石而排水良好的草坡上。缅甸可能也有分布。

形态特征

地生或半附生植物，地下具细长而横走的根状茎；根状茎直径2～3毫米，有少数稍肉质而被毛的纤维根。叶基生，2列，5～7枚；叶片长圆形，坚革质，长6～12厘米，宽1.8～2.3厘米，先端急尖或有时具弯缺与细尖，上面有深浅绿色相间的网格斑，背面有密集的紫色斑点并具龙骨状突起，边缘有细齿，基部收狭成叶柄状并对折而套叠。花葶直立，长15～28厘米，淡紫红色与绿色相间，被褐色短毛，顶端生1花；花苞片卵状披针形或卵形，长1.3～1.8厘米，淡绿黄色并有紫红色斑点，稍被毛；花梗和子房长3.5～4厘米，被白色短柔毛；子房有6条钝的纵棱；花大，直径7～9厘米，纯黄色，仅退化雄蕊上有浅栗色纵纹；中萼片卵形或卵状披针形，长2.2～4.8厘米，宽1.4～2.2厘米，先端近急尖，背面近顶端与基部具长柔毛，边缘具缘毛；合萼片与中萼片相似，长2～3.5厘米，宽1.2～2厘米，先端钝而不裂，背面具长柔毛并有2条钝的龙骨状突起，边缘具缘毛；花瓣大，宽卵状椭圆形、宽卵形或近

圆形,长2.8~5.3厘米,宽2.5~4.8厘米,先端急尖或近浑圆,内表面基部具白色长柔毛,边缘具缘毛;唇瓣深囊状,近椭圆状球形或宽椭圆形,长4~5厘米,宽3.5~4厘米,基部具短爪,囊口近圆形,整个边缘内折,但先端边缘较狭窄,囊底有白色长柔毛和紫色斑点;退化雄蕊宽卵形或卵圆形,长1~2厘米,宽1~1.5厘米,先端急尖,背面具钝的龙骨状突起。花期2—4月。

生长习性

杏黄兜兰附生于岩壁,喜凉,冬季要求比较干燥、光线充足的生长环境。

保护级别

国家一级重点保护野生植物。

主要价值

观赏:杏黄兜兰花大色雅,含苞时呈青绿色,初开为绿黄色,全开时为杏黄色,花期40~50天,罕见的杏黄花色填补了兜兰中黄色花系的空白,具有较高的观赏价值。

繁育技术

一般采用分株方式进行繁育。

须保证培养土排水良好,每年换一次盆,换盆时避免破坏植株组织。

53

亨利兜兰

物种简介

亨利兜兰（*Paphiopedilum henryanum*）是兰科兜兰属植物。

分布生境

产云南省。生于林缘草坡上,海拔不详。越南也有分布。

形态特征

地生或半附生植物。叶基生,2 列,通常 3 枚;叶片狭长圆形,长 12～17 厘米,宽 1.2～1.7 厘米,先端钝,上面深绿色,背面淡绿色或有时在基部有淡紫色晕,背面有龙骨状突起,基部收狭成叶柄状并对折而彼此套叠。花葶直立,长 16～22 厘米,绿色,密生褐色或紫褐色毛,顶端生 1 花;花苞片近椭圆形,绿色,围抱子房,长 2～2.6 厘米,宽 6～12 毫米,先端钝,背面被栗色微柔毛,尤以近基部及中脉上为多;花梗和子房长 3～4 厘米,密被紫褐色短柔毛;花直径约 6 厘米;中萼片奶油黄色或近绿色,有许多不规则的紫褐色粗斑点,合萼片色泽相近但无斑点或具少数斑点,花瓣玫瑰红色,基部有紫褐色粗斑点,唇瓣亦玫瑰红色并略有黄白色晕与边缘;中萼片近圆形或扁圆形,长 3～3.4 厘米,宽 3～3.8 厘米,先端钝或略具短尖,上半部边缘略波状,背面被微柔毛;合萼片较狭窄,长 2.7～3.5 厘米,宽 1.4～1.6 厘米,背面亦被微柔毛;花瓣狭倒卵状椭圆形至近长圆形,长 3.2～3.6 厘米,宽 1.4～1.6 厘米,边缘多少波状,先端有不甚明显的 3 小齿,内表面基部偶见疏柔毛,边缘有缘毛;唇瓣倒盔状,基部具宽阔的、长约

1.5 厘米的柄；囊近宽椭圆形，长 2.3～2.5 厘米，宽约 2.5 厘米，囊口极宽阔，两侧各具 1 个直立的耳，两耳前方边缘不内折，囊底有毛；退化雄蕊倒心形至宽倒卵形，长 6～7 毫米，宽 7～8 毫米，基部有耳，上面中央具 1 枚齿状突起。花期 7—8 月。

⚙ 生长习性

亨利兜兰没有贮藏养料的组织，须保证喜凉品种的休眠期。冬季要求比较干燥、光线充足的生长环境。

保护级别

国家一级重点保护野生植物。

主要价值

观赏：亨利兜兰夏秋或临冬开花，花期 70 余天。由于其花形奇特、花色丰富、花期持久，且容易管护，颇受园艺爱好者喜爱，是值得开发生产的兰花种类之一，也是发展小盆栽产业的新兴品种。

繁育技术

通常采用分株方式和无菌播种方式进行繁育。

兜兰喜湿润的培养土，应保证培养土排水良好。每年换一次盆，注意换盆时避免破坏植株组织。

54

小叶兜兰

物种简介

小叶兜兰（*Paphiopedilum barbigerum*）是兰科兜兰属植物。

分布生境

产广西壮族自治区和贵州省。生于海拔 800～1 500 米的石灰岩山丘荫蔽多石之地或岩隙中。

形态特征

地生或半附生植物。叶基生，2 列，5～6 枚；叶片宽线形，长 8～19 厘米，宽 7～18 毫米，先端略钝或有时具 2 小齿，基部收狭成叶柄状并对折而互相套叠，无毛或近基部边缘略有缘毛。花葶直立，长 8～16 厘米，有紫褐色斑点，密被短柔毛，顶端生 1 花；花苞片绿色，宽卵形，围抱子房，长 1.5～2.8 厘米，宽 1.1～1.3 厘米，背面下半部疏被短柔毛或仅基部有毛；花梗和子房长 2.6～5.5 厘米，密被短柔毛；花中等大；中萼片中央黄绿色至黄褐色，上端与边缘白色，合萼片与中萼片同色但无白色边缘，花瓣边缘奶油黄色至淡黄绿色，中央有密集的褐色脉纹或整个呈褐色，唇瓣浅红褐色；中萼片近圆形或宽卵形，长 2.8～3.2 厘米，宽 2.2～4 厘米，先端钝，基部有短柄，背面被短柔毛；合萼片明显小于中萼片，卵形或卵状椭圆形，长 2.3～2.5 厘米，宽 1.2～1.5 厘米，先端钝或浑圆，背面亦被毛；花瓣狭长圆形或略带匙形，长 3～4 厘米，宽约 1 厘米，边缘波状，先端钝，基部疏被长柔毛；唇瓣倒盔状，基部具宽阔的、长 1.5～2 厘米的柄；囊近卵形，长 2～2.5 厘米，宽 1.5～2 厘米，囊口极宽阔，两侧各具 1 个直立的耳，两耳前方的边缘不内折，囊底有毛；退化雄蕊宽倒卵形，长 6～7 毫米，宽 7～8 毫米，基部略有耳，上面中央具 1 个脐状突起。花期 10—12 月。

生长习性

小叶兜兰没有贮藏养料的组织，冬季要求比较干燥、光线充足的生长环境，花形大、着花多的植株比较喜温，宜室内培植。

保护级别

国家一级重点保护野生植物。

主要价值

观赏：小叶兜兰花期可长达 70 余天，花色亮丽，花型奇特，具有很高的观赏价值，市场需求潜力巨大，是值得开发生产的盆栽新品种。

科研：小叶兜兰没有贮藏养料的组织，有较好的抗旱保水机制，在抗逆性新品种选育上具有非常高的价值。

繁育技术

通常采用分株方式和无菌播种方式进行繁育。

55

紫纹兜兰

物种简介

紫纹兜兰（*Paphiopedilum purpuratum*）是兰科兜兰属植物。

分布生境

产广东省、香港特别行政区、广西壮族自治区和云南省。生于海拔700米以下的林下腐殖质丰富多石之地或溪谷旁苔藓砾石丛生之地或岩石上。越南也有分布。

形态特征

地生或半附生植物。叶基生，2列，3～8枚；叶片狭椭圆形或长圆状椭圆形，长7～18厘米，宽2.3～4.2厘米，先端近急尖并有2～3个小齿，上面具暗绿色与浅黄绿色相间的网格斑，背面浅绿色，基部收狭成叶柄状并对折而互相套叠，边缘略有缘毛。花葶直立，长12～23厘米，紫色，密被短柔毛，顶端生1花；花苞片卵状披针形，围抱子房，长1.6～2.4厘米，宽约1厘米，背面被柔毛，边缘具长缘毛；花梗和子房长3～6厘米，密被短柔毛；花直径7～8厘米；中萼片白色而有紫色或紫红色粗脉纹，合萼片淡绿色而有深色脉，花瓣紫红色或浅栗色而有深色纵脉纹、绿白色晕和黑色疣点，唇瓣紫褐色或淡栗色，退化雄蕊色泽略浅于唇瓣并有淡黄绿色晕；中萼片卵状心形，长与宽各为

2.5～4厘米,先端短渐尖,边缘外弯并疏生缘毛,背面被短柔毛;合萼片卵形或卵状披针形,长2～2.8厘米,宽9～13毫米,先端渐尖,背面被短柔毛,边缘具缘毛;花瓣近长圆形,长3.5～5厘米,宽1～1.6厘米,先端渐尖,上面仅有疣点而通常无毛,边缘有缘毛;唇瓣倒盔状,基部具宽阔的、长1.5～1.7厘米的柄;囊近宽长圆状卵形,向末略变狭,长2～3厘米,宽2.5～2.8厘米,囊口极宽阔,两侧各具1个直立的耳,两耳前方的边缘不内折,囊底有毛,囊外被小乳突;退化雄蕊肾状半月形或倒心状半月形,长约8毫米,宽约1厘米,先端有明显凹缺,凹缺中有1～3个小齿,上面有极微小的乳突状毛。花期10月至次年1月。

⚙ 生长习性

紫纹兜兰没有贮藏养料的组织,冬季要求比较干燥、光线充足的生长环境,喜温,耐阴,宜室内培植。

🌾 保护级别

国家一级重点保护野生植物。

◉ 主要价值

观赏:紫纹兜兰花期较长,一年四季均可开放,株型矮小,常用中小盆栽植,可作高档室内盆栽观花植物,置放在客厅、书房观赏。

🌱 繁育技术

通常采用分株方式和无菌播种方式进行繁育。

56
带叶兜兰

物种简介

带叶兜兰（*Paphiopedilum hirsutissimum*）是兰科兜兰属植物，是世界上栽培最早、最普及的名贵"洋兰"之一。

分布生境

产中国广西壮族自治区、贵州省和云南省。印度、越南、老挝和泰国也有分布。生于海拔700～1 500米的林下或林缘岩石缝中或多石湿润土壤上。

形态特征

带叶兜兰是地生或半附生植物。叶基生，2列，5～6枚；叶片带形，革质，长16～45厘米，宽1.5～3厘米，上面深绿色，背面淡绿色并稍有紫色斑点。花葶直立，从叶丛中长出，长20～30厘米，顶端生1花；花苞片非叶状；宽卵形，长8～15毫米，宽8～11毫米；花梗和子房长4～5厘米，子房顶端常收狭成喙状；具6纵棱，棱上密被长柔毛；花大而艳丽，色泽丰富；中萼直立，中萼片和合萼片除边缘淡绿黄色外，中央至基部有浓密的紫褐色斑点或其至连成一片，花瓣下半部黄绿色而有浓密的紫褐色斑点，上半部玫瑰紫色并有白色晕，唇瓣淡绿黄色而有紫褐色小斑点；花瓣匙形或狭长圆状匙形，长5～7.5厘米，宽2～2.5厘米；唇瓣倒盔状，基部具长约1.5厘米的柄；囊椭圆状圆锥形或近狭椭圆形，长2.5～3.5厘米，宽2～2.5厘米，囊口极宽阔，两侧各有1个直立的耳，两耳前方边缘不内折，囊底有毛。蒴果，花期4—5月。

生长习性

带叶兜兰没有贮藏养料的组织，须保证喜凉品种的休眠期。冬季要求比较干燥、光线充足的生长环境。

保护级别

国家二级重点保护野生植物。

主要价值

观赏：带叶兜兰株形娟秀，花形奇特，花色丰富，花大色艳，叶常绿，是名贵花卉之一，具有很高的观赏价值。

繁育技术

带叶兜兰一般采用分株方式和无菌播种方式进行繁育。

57

硬叶兜兰

物种简介

硬叶兜兰（*Paphiopedilum micranthum*）是兰科兜兰属植物。

分布生境

产中国广西壮族自治区、贵州省和云南省。越南也有分布。

形态特征

地生或半附生植物，地下具细长而横走的根状茎；根状茎直径2～3毫米，具少数稍肉质而被毛的纤维根。叶基生，2列，4～5枚；叶片长圆形或舌状，坚革质，长5～15厘米，宽1.5～2厘米，先端钝，上面有深浅绿色相间的网格斑，背面有密集的紫斑点并具龙骨状突起，基部收狭成叶柄状并对折而彼此套叠。花葶直立，长10～26厘米，紫红色而有深色斑点，被长柔毛，顶端具1花；花苞片卵形或宽卵形，绿色而有紫色斑点，长1～1.4厘米，背面疏被长柔毛；花梗和子房长3.5～4.5厘米，被长柔毛；花大，艳丽，中萼片与花瓣通常白色而有黄色晕和淡紫红色粗脉纹，唇瓣白色至淡粉红色，退化雄蕊黄色并有淡紫红色斑点和短纹；中萼片卵形或宽卵形，长2～3厘米，宽1.8～2.5厘米，先端急尖，背面被长柔毛并有龙骨状突起；合萼片卵形或宽卵形，长2～2.8厘米，宽1.8～2.8厘米，先端钝或急尖，背面被长柔毛并具2条稍钝的龙骨状突起；花瓣宽卵形、宽椭圆形或近圆形，长2.8～3.2厘米，宽2.6～3.5厘米，先端钝或浑圆，内表面基部具白色长柔毛,背面多少被短柔毛;唇瓣深囊状,卵状椭圆形至近球形,长 4.5～6.5 厘米,宽 4.5～5.5 厘米,基部具短爪,囊口近圆形,整个边缘内折,囊底有白色长柔毛;退化雄蕊椭圆形,长 1～1.5 厘米,宽 7～8 毫米,先端急尖,两侧边缘尤其中部边缘近直立并多少内弯,使中央貌似具纵槽;2 枚能育雄蕊由于退化雄蕊边缘的内卷而清晰可辨,甚为美观。花期 3—5 月。

⚙ 生长习性

硬叶兜兰分布区为中亚热带至南亚热带季风湿润气候,贵州分布区的年均温为 16.0 ℃～18.9 ℃,年均降水量 1 200～1 320 毫米,无霜期 290～350 天,相对湿度大于 80%,土壤为石灰岩山地森林钙质土,pH 7.0～8.0。多生于森林覆盖的悬崖或断岩石壁积土处,土层浅薄,排水良好,有机质丰富,氮、磷、钾含量高。喜荫庇环境,生于海拔 1 000～1 700 米的石灰岩山坡草丛中或石壁缝隙或积土处。

保护级别

国家二级重点保护野生植物。

主要价值

观赏:硬叶兜兰又名拖鞋兰,夏秋或临冬开花,花期最长 70 余天。叶片斑纹美丽,花大而艳丽,吸人眼球,可盆栽或地栽观赏。兜兰盆花生产需要 3 到 5 年,由于其花形奇特、花色丰富、花期持久,且容易管护,在 12 ℃～30 ℃范围能生长,室温 23 ℃环境下能正常开花,因此颇受家庭消费者喜爱,市场需求潜力巨大,是值得开发生产的兰花种类之一,也是发展小盆栽产业的新兴品种。

科研:硬叶兜兰叶片通常要厚实硬朗些,花色更为亮丽显眼,有更好的抗旱保水机制,在抗逆性新品种选育上具有非常高的利用价值。

🌱 繁育技术

硬叶兜兰一般采用分株和无菌播种方式进行繁育。

58

文山鹤顶兰

物种简介

文山鹤顶兰（*Phaius wenshanensis*）是兰科鹤顶兰属植物。

分布生境

产中国云南省文山。生于海拔1 300米的林下。

形态特征

文山鹤顶兰假鳞茎细圆柱形，通常长40～50厘米，粗达1厘米，基部稍膨大，具7～8节，下部被3～4枚鞘。叶6～7枚，互生于假鳞茎的上部，椭

圆形，长10～34厘米，宽5～12厘米，先端急尖，基部收狭为柄，边缘稍波状，两面无毛，叶柄之下扩大为抱茎的鞘。花葶侧生于假鳞茎的下部或近基部，直立，长达45厘米，被3～5枚鞘，无毛；总状花序长达30厘米，疏生5～6朵花；花苞片凹陷，稍比花梗和子房长，长约3厘米，早落；花梗和子房长2.5厘米；花张开，花被片在背面黄色，内面紫红色；中萼片和侧萼片近相似，椭圆形，长约4厘米，宽约1.4厘米，先端稍钝，具5～6条脉，无毛，花瓣倒披针形，长3.7～3.9厘米，宽约1厘米，先端钝，具1条脉，无毛；唇瓣贴生于蕊柱基部，轮廓为倒卵状三角形，长3.5厘米，宽3.2厘米，3裂；侧裂片近倒卵形，围抱蕊柱，先端钝，边缘多少波状，密布紫红色斑点；中裂片近倒卵形，长8毫米，宽1.5厘米，先端有凹缺，边缘皱波状；唇盘具3条黄色的脊突，无毛；距黄色，纤细，长约2厘米；蕊柱黄色带紫红色斑点，细长，长约2.7厘米，上端扩大而呈棒状，无毛；药帽在

前端稍伸长,但不呈喙状,疏被短毛。花期9月。

生长习性

喜温暖、湿润、半荫蔽的气候,宜疏松肥沃、排水良好、富含腐殖质的微酸性土壤,忌干旱,忌瘠薄,轻耐寒冷,生长适温为18℃～25℃。

保护级别

国家二级重点保护野生植物。

主要价值

观赏:文山鹤顶兰植株大,花朵中等大小,其呈管状的唇瓣非常有特色,极具观赏价值。文山鹤顶兰还具有令人愉快的芳香气息,是人们喜爱的盆栽花卉。

繁育技术

可通过无菌播种和组培方式进行大量繁育;少量繁育一般以分株繁殖为多。常在春季新芽萌发前或开花后短暂的休眠期结合换盆进行分株;生长健壮的植株2～3年可以分株一次;将植株从盆中倒出,去掉旧营养土,再将生长密集的假鳞茎丛小心分开,分盆的条件是必须有2个以上的假鳞茎,或使每3个假鳞茎成一丛,并带有新芽,这样不影响开花。冬季相对休眠,保持盆土微潮,不宜浇水太多。越冬温度宜在6℃以上。如果叶片受冻,可将叶片剪除,温度适宜时假鳞茎可以正常长出新叶并开花。

59

罗氏蝴蝶兰

🌿 物种简介

罗氏蝴蝶兰(*Phalaenopsis lobbii*)是兰科蝴蝶兰属植物。

📍 分布生境

原产于中国云南省。印度、缅甸、不丹、越南及尼泊尔也有分布。生于海拔600米以下疏林中树上。

❋ 形态特征

根丰富,扁平。茎簇生,缩短,基部分枝。叶2～4,近基生,宽椭圆形,长5～8厘米,宽3.5～4厘米,斜二裂。花序直立总状花序,5～10厘米,2～4花;花苞片小,椭圆形,钝。花白色,膨大的柱状基部具一些不规则分布的棕色斑点,在膨大的顶端下面具一对规则的暗褐色斑点,唇瓣棕色斑点的侧裂片的前缘,中裂片白色具2条宽的纵向栗棕色条纹;花梗和子房达1.5厘米。花瓣倒卵形近匙形;唇3浅裂;侧面裂片直立,镰刀形,平行于中部,然后分叉;中部裂片肾形;花期4—5月。

⚙ 生长习性

喜温暖、多湿和半阴环境;不耐寒,怕干旱和强光,忌积水。

🛡 保护级别

国家二级重点保护野生植物。

主要价值

观赏：罗氏蝴蝶兰花瓣小巧玲珑，可作盆栽，有很高的观赏价值。

科研：因其独特的唇瓣特性能遗传给后代，可育成特殊花型，是蝴蝶兰杂交育种的良好亲本。

繁育技术

一般采用无菌播种方式进行繁育。

60

麻栗坡蝴蝶兰

物种简介

　　麻栗坡蝴蝶兰（*Phalaenopsis malipoensis*）是兰科蝴蝶兰属植物。

分布生境

　　麻栗坡蝴蝶兰分布于中国、缅甸、越南等国。在中国云南省的麻栗坡地区有野生，自然分布于海拔 800～1 000 米的天然杂木林中。生长适温 20 ℃～28 ℃。

形态特征

　　附生植物。根扁平，达 50 厘米。茎短，被叶鞘包围。叶片有 3～5 枚，近基生，落叶或 1～2 枚叶宿存于冬季；长圆形到椭圆形，长 4.5～7.0 厘米，宽 3.0～3.6 厘米，基部宽楔形圆形，先端斜钝到锐尖。总状花序 3～4 个，从茎基部发出，长 8～15 厘米，疏生 3～4 朵花；花序梗绿色，具 2～4 枚膜质鞘；脊柱直；花苞片黄绿色，三角形披针形，长 2～4 毫米，渐尖。花直径 1.2～1.6 厘米。萼片和花瓣白色，有时微染淡黄，唇瓣白色带橙色或橙黄色，花盘和中裂片的中部微染褐色，柱头白色，基部前方有 1～2 个新月形或半圆形的棕色斑纹；花梗和子房白色，微染淡绿色，1～1.3 厘米。中萼片呈长圆状椭圆形，长 7～9 毫米，宽 3～4 毫米，钝；侧萼片呈斜卵状椭圆形，长 6～7 毫米，宽 4～5 毫米，基部贴生于柱足，有时背面具龙骨状突起。花瓣匙形或狭倒卵形，长 6～8 毫米，宽 2～3 毫米，圆形；唇瓣 3 浅裂；侧裂片近披针形，直立，近平行，与中裂片形成 U 形,长 2～3 毫米,两侧裂片之间具 2 个橘黄色的胼胝体;中裂片宽三角形,长 4～5 毫米,宽 6～7 毫米,先端具 3 小裂,基部具 1 个深叉开的胼胝体,中央具 1 个新月形的附属物,每个叉开的胼胝体分裂成 2 条丝,丝长约 3 毫米,蕊柱长 4～5 毫米,蕊柱足长 1～2 毫米。花期 4—5 月。

生长习性

附生在疏林和林缘的乔木上。喜温暖、多湿和半阴环境;不耐寒,怕干旱和强光,忌积水。

保护级别

国家二级重点保护野生植物。

主要价值

观赏:麻栗坡蝴蝶兰的颜色清新淡雅,小巧玲珑的花瓣,具有较高的观赏价值。

科研:麻栗坡蝴蝶兰是优良的育种材料,具有很高的科研价值和经济价值。

繁育技术

一般采用无菌播种方式进行繁育。

61

华西蝴蝶兰

物种简介

华西蝴蝶兰(*Phalaenopsis wilsonii*)是兰科蝴蝶兰属植物。

分布生境

华西蝴蝶兰原产中国广西壮族自治区、贵州省、四川省、云南省、西藏自治区等地。生于海拔800～2 150米的山地疏生林中树干上或林下阴湿的岩石上。

形态特征

附生草本。气生根发达,簇生,长而弯曲,表面密生疣状突起。茎很短,被叶鞘所包,长约1厘米,通常具4～5枚叶。叶稍肉质,两面绿色或幼时背面紫红色,长圆形或近椭圆形,通常长6.5～8厘米,宽2.6～3厘米;花序从茎的基部发出,常1～2个,斜立,长4～8.5厘米,不分枝,花序轴疏生2～5朵花;花序柄暗紫色,粗约2毫米,被1～2枚膜质鞘;花苞片膜质,卵状三角形,长4～5毫米,先端锐尖;花梗连同子房长3～3.8厘米;花开放,萼片和花瓣白色带淡粉红色的中肋或全体淡粉红色;花瓣匙形或椭圆状倒卵形,长1.4～1.5厘米,宽6～10毫米,先端圆形,基部楔形收狭。蒴果狭长,长达7厘米,粗约6毫米,具长约3厘米的柄。花期4—7月,果期8—9月。

生长习性

华西蝴蝶兰喜温暖、湿润、半日照的环境;宜用水苔或兰石等附生基质栽培。生长适温为 18℃～26℃，冬季 10℃以下就会停止生长，低于 5℃容易死亡。高温高湿河川海岸边的森林树木是华西蝴蝶兰附着生长的地方。适宜的相对湿度范围为 60%～80%。

保护级别

国家二级重点保护野生植物。

主要价值

观赏：华西蝴蝶兰色泽丰富，美丽别致，花型小巧，玲珑可爱，花期长，深受消费者青睐，可作成盆栽观赏，还可栽培在树干上或山石上欣赏。

药用：华西蝴蝶兰全草可入药，主治感冒发热、头痛、小儿疳积、风湿性关节痛等症。

繁育技术

一般采用无菌播种方式进行繁育。

62

象鼻兰

🌿 物种简介

象鼻兰（*Phalaenopsis zhejiangensis*）是兰科蝴蝶兰属植物，是中国特有植物，具有特殊的科研价值。

📍 分布生境

产浙江省临安及宁波等地，生于海拔350～900米的山地林中或林缘树枝上。

✳ 形态特征

矮生植物，斜立或悬垂，冬季落叶。茎长约3毫米，被叶鞘所包，具多数粗1.2～1.5毫米、稍扁的气根。叶常1～3枚，扁平，质地薄，倒卵形或倒卵状长圆形，长2～6.8厘米，宽1.2～2.1厘米。花序单生于茎的基部，不分枝，长8～13厘米；花序柄和花序轴纤细，粗约1厘米，淡绿色，基部具1～2枚筒状膜质鞘；总状花序长5～8厘米，具8～19朵花；花苞片黄绿色，狭披针形，长2～3毫米，先端渐尖；花梗和子房纤细，长约1厘米；萼片和花瓣白色；中萼片卵状椭圆形，长6毫米，宽3毫米；侧萼片歪斜的宽倒卵形，长6毫米，宽约6毫米；花瓣倒卵形，长5毫米，宽2.5毫米；唇瓣3裂；侧裂片狭长，直立，长约7毫米，除先端紫色外，其余白色；中裂片狭长，舟状，与侧裂片几乎交成直角向外伸展，长8毫米，宽1.2毫米，两侧面白色，内面深紫色，基部具囊；囊白色，近半球形，长约2毫米，在囊口处具1枚白色的附属物；附属物直立，长方形，长2.5毫米，宽1.2毫米；蕊柱长5毫米，粗1.2毫米，两侧淡黄色，近基部具1枚长约1.2毫米的黄绿色附属物；柱头位于蕊柱基部上方；蕊喙狭长，似象鼻，几乎平伸，先端钩转而稍2裂，上面浅白色,背面浅紫色;粘盘柄狭长,长 5.5 毫米,宽约 0.5 毫米,向基部收狭;粘盘近圆形,宽 0.7 毫米。蒴果椭圆形,长 8 毫米,粗约 4 毫米。花期 6 月,果期 7—8 月。

生长习性

附生,附主主要为罗汉松、银杏、国槐、桂花等。所附树木有如下特点:一是树皮比较粗糙,有利于其根系插入和植株稳定;二是植株上常有藤蔓或苔藓类,有利于其隐身、保湿和躲避暴风骤雨的伤害;三是植株较高大、粗壮,有利于其种子着落繁衍后代。

保护级别

国家一级重点保护野生植物。

主要价值

观赏:象鼻兰花朵小巧精致,汇聚成一串串总状花序,常附生垂挂在银杏树嫩绿的叶片间,植株悬垂,花色秀雅,可作岩面、树干美化或盆栽观赏。

药用:象鼻兰全草入药,主治疝气。

科研:象鼻兰植株小、花朵小、花量大、花形奇特,萼片、花瓣为白色且内面有紫色横纹,是培育趣味蝴蝶兰、小花型蝴蝶兰的优良亲本。

繁育技术

一般采用无菌播种方式进行繁育。

63

独蒜兰

🌼 物种简介

独蒜兰（*Pleione bulbocodioides*）是兰科独蒜兰属植物。

📍 分布生境

产陕西省、甘肃省、安徽省、湖北省、湖南省、广东省、广西壮族自治区、四川省、贵州省、云南省和西藏自治区。生于常绿阔叶林下或灌木林缘腐殖质丰富的土壤上或苔藓覆盖的岩石上,海拔 900～3 600米。

✳ 形态特征

半附生草本。假鳞茎卵形至卵状圆锥形,上端有明显的颈,全长 1～2.5 厘米,直径 1～2 厘米,顶端具 1 枚叶。叶在花期尚幼嫩,长成后狭椭圆状披针形或近倒披针形,纸质,长 10～25 厘米,宽 2～5.8 厘米,先端通常渐尖,基部渐狭成柄;叶柄长 2～6.5厘米。花葶从无叶的老假鳞茎基部发出,直立,长 7～20 厘米,下半部包藏在 3 枚膜质的圆筒状鞘内,顶端具 1～2 花;花苞片线状长圆形,长 2～4 厘米,明显长于花梗和子房,先端钝;花梗和子房长 1～2.5 厘米;花粉红色至淡紫色,唇瓣上有深色斑;中萼片近倒披针形,长 3.5～5 厘米,宽 7～9 毫米,先端急尖或钝;侧萼片稍斜歪,狭椭圆或长圆状倒披针形,与中萼片等长,常略宽;花瓣倒披针形,稍斜歪,长 3.5～5 厘米,宽4～7 毫米;唇瓣轮廓为倒卵形或宽倒卵形,长 3.5～4.5 厘米,宽 3～4 厘米,不明显

3裂,上部边缘撕裂状,基部楔形并多少贴生于蕊柱上,通常具4～5条褶片;褶片啮蚀状,高可达1～1.5毫米,向基部渐狭直至消失;中央褶片常较短而宽,有时不存在;蕊柱长2.7～4厘米,多少弧曲,两侧具翅;翅自中部以下甚狭,向上渐宽,在顶端围绕蕊柱,宽达6～7毫米,有不规则齿缺。蒴果近长圆形,长2.7～3.5厘米。花期4～6月。

⚙ 生长习性

喜凉爽、通风的半阴环境,较耐寒,冬季不休眠,越冬温度 −10 ℃以上,喜疏松、透气、排水良好的蕨根、水苔或腐殖土基质。

🌿 保护级别

国家二级重点保护野生植物。

✏ 主要价值

观赏:独蒜兰花瓣小巧玲珑、颜色粉嫩清雅,具有较高的观赏价值。

🌱 繁育技术

一般采用分株方式进行繁育。

64

火焰兰

🌱 **物种简介**

　　火焰兰（*Renanthera coccinea*）是兰科火焰兰属植物。

📍 **分布生境**

　　产海南省、广西壮族自治区。海拔达 1 400 米，攀缘于沟边林缘、疏林中树干上和岩石上。缅甸、泰国、老挝、越南也有分布。

❋ **形态特征**

　　附生或陆生，茎攀缘，粗壮，质地坚硬，圆柱形，长 1 米以上，粗约 1.5 厘米，通常不分枝，节间长 3～4 厘米。叶二列，斜立或近水平伸展，舌形或长圆形，长 7～8 厘米，宽 1.5～3.3 厘米，先端稍不等侧 2 圆裂，基部抱茎并且下延为抱茎的鞘。花序与叶对生，常 3～4 个，粗壮而坚硬，基部具 3～4 枚短鞘，长达 1 米，常具数个分枝，圆锥花序或总状花序疏生多数花；花苞片小，宽卵状三角形，长约 3 毫米，先端锐尖；花梗和子房长 2.5～3 厘米；花火红色，开展；中萼片狭匙形，长 2～3 厘米，宽 4.5～6 毫米，先端钝，具 4 条主脉，边缘稍波状并且其内面具橘黄色斑点；侧萼片长圆形，长 2.5～3.5 厘米，宽 0.8～1.2 厘米，先端钝，具 5 条主脉，基部收狭为爪，边缘明显波状；花瓣相似于中萼片而较小，先端近圆形，边缘内侧具橘黄色斑点；唇瓣 3 裂；侧裂片直立，不高出蕊柱，近半圆形或方形，长约 3 毫米，宽 4 毫米，先端近圆形，基部具一对肉质、全缘的半圆形胼胝体；中裂片卵形，长 5 毫米，宽 2.5 毫米，先端锐尖,从中部下弯;距圆锥形,长约 4 毫米;蕊柱近圆柱形,长约 5 毫米;药帽半球形,前端稍伸长而收狭,先端截形而宽宽凹缺;粘盘柄长约 2 毫米,中部多少屈膝状。花期 4—6 月。

生长习性

火焰兰属植物喜高温、高湿和阳光充足的环境,有一定的耐寒能力,也稍耐旱。全年生长适温应在 18 ℃～35 ℃,冬季越冬温度在 0 ℃以上。

保护级别

国家二级重点保护野生植物。

主要价值

观赏:火焰兰花色艳丽,盆栽可用于室内装饰,也可附生于树干、山石上观赏,是切花的优良材料。火焰兰是兰科植物中观赏价值极高的热带珍稀濒危兰花种类,被称为植物中的"大熊猫"。因其特有的形态美和神韵美,在园林中的运用具有很大的优势和潜力。

药用:火焰兰全草入药,主治骨折、风湿痹痛等。

繁育技术

火焰兰通常采用扦插方式进行繁育,大量繁殖可通过无菌播种和组织培养进行。

火焰兰是单轴性兰花,若不处理会不停地垂直生长,同时茎秆上会不断长出气生根,而旁侧并不会萌生新株。因此,采用切茎扦插为主,一般在花后或春秋两季进行,可待茎秆长到一定高度时,将带有 3 条以上气生根的茎上部剪下,并种植在装有树皮块基质的盆中,即成新株。母株切口上必须涂药,以免受病菌感染。

65

云南火焰兰

物种简介

云南火焰兰（*Renanthera imschootiana*）是兰科火焰兰属植物。

分布生境

产云南省南部。生于海拔 500 米以下的河谷林中树干上。越南也有分布。

形态特征

附生或陆生。茎长达 1 米，具多数彼此紧靠而 2 列的叶。叶革质，长圆形，长 6～8 厘米，宽 1.3～2.5 厘米，先端稍斜 2 圆裂，基部具抱茎的鞘。花序腋生，花序轴和花序柄纤细，长达 1 米，具分枝，总状花序或圆锥花序具多数花；花苞片宽卵形，长约 2 毫米，先端钝；花梗和子房淡红色，长 2～2.3 厘米；花开展；中萼片黄色，近匙状倒披针形，长 2.4 厘米，宽 5 毫米，先端多少锐尖，具 5 条脉；侧裂片内面红色，背面草黄色，斜椭圆状卵形，长 3 厘米、宽 1 厘米，先端钝，基部收狭为长约 6 毫米的爪，边缘波状，具 5 条主脉；花瓣黄色带红色斑点，狭匙形，长 2 厘米、宽 4 毫米，先端钝而增厚并且密被红色斑点，具 3 条主脉；唇瓣 3 裂；侧裂片红色，直立，三角形，长 3 毫米，超出蕊柱之上，先端锐尖，基部具 2 条上缘不整齐的膜质褶片；中裂片卵形，长 4.5 厘米、宽 3 毫米，先端锐尖，深红色，反卷，基部具 3 个肉瘤状突起物；距黄色带红色末端，长 2 毫米，末端钝；蕊柱深红色，圆柱形，长 4 毫米。花期 5 月。

生长习性

喜热带高温、高湿的环境,喜阴,耐旱。

保护级别

国家二级重点保护野生植物。

主要价值

观赏:云南火焰兰花色火红艳丽,可盆栽用于室内装饰,也可附生于树干、山石上观赏,是优良切花材料,观赏价值极高。

繁育技术

通常采用扦插方式进行繁育,繁育方式与火焰兰相似。

66

钻喙兰

物种简介

钻喙兰（*Rhynchostylis retusa*）是兰科钻喙兰属植物，为附生兰。

分布生境

产贵州省、云南省。生于海拔 310～1 400 米的疏林中或林缘树干上。广布于从斯里兰卡、印度到热带喜马拉雅经老挝、越南、柬埔寨、马来西亚至印度尼西亚和菲律宾的亚洲热带地区。

形态特征

植株具发达而肥厚的气根。根粗 6～16 毫米。茎直立或斜立，通常长 3～10 厘米，有时更长，粗 1～2 厘米，不分枝，具少数至多数节，密被套叠的叶鞘。叶肉质，二列相互紧靠，外弯，宽带状，长 20～40 厘米，宽 2～4 厘米，先端不等侧 2 圆裂，基部具宿存的鞘。花序腋生，1～3 个，长于或近等长于叶，不分枝，常下垂；花序柄长 5～11 厘米，粗 6～8 毫米，基部被 2～4 枚宽卵形的鞘；花序轴多少肥厚，长达 28 厘米，密生许多花；花苞片反折，宽卵形，长 3～4 毫米，先端钝；花梗和子房长 7～10 毫米；花白色而密布紫色斑点，开展，纸质；中萼片椭圆形，长 7～11 毫米，宽 4.2～5 毫米，先端稍钝，具 5 条主脉；侧萼片斜长圆形，与中萼片等长而较宽，先端稍钝，基部贴生在蕊柱足上。花瓣狭长圆形,长7~7.5毫米,宽2.5~3毫米,先端钝,具5条主脉;唇瓣贴生于蕊柱足末端;后唇囊状,两侧压扁,长6~8毫米,宽约4毫米,末端圆钝,具3条弧形脉;前唇朝上,几与蕊柱平行,中部以上紫色,中部以下白色,常两侧对折,摊平为倒卵状楔形,长8~10毫米,宽5~6毫米,前端不明显3裂,先端钝或稍凹缺,基部具4条脊突;蕊柱圆柱形,长4毫米,粗2毫米;蕊柱足长约2毫米;蕊喙小,微2裂;药床很浅;药帽半球形,前端收狭而伸长成三角形,先端截形;粘盘柄线形,长约2.2毫米,宽约0.2毫米,顶端扩大呈头状;粘盘倒披针形,长1.8毫米,宽0.6毫米,先端钝。蒴果倒卵形或近棒状,长3.5厘米(包括果柄),粗约1.3厘米,具棱,果柄长约1厘米。花期5—6月,果期5—7月。

⚙ 生长习性

钻喙兰喜阴,忌阳光直射;喜湿润,忌干燥。适宜生长温度15℃~30℃,不耐寒,冬季可见直射光,春、夏、秋需适当遮光。

🌿 保护级别

国家二级重点保护野生植物。

✒ 主要价值

观赏:钻喙兰具浓香,花色艳丽,是优良的观花草本植物,栽培管理简单,适合家庭栽培欣赏。

🌱 繁育技术

一般采用无菌播种方式进行繁育。

67

大花万代兰

物种简介

大花万代兰（*Vanda coerulea*）是兰科万代兰属植物。

分布生境

产云南省，生于海拔 1 000～1 600 米的河岸或山地疏林中树干上。印度、缅甸、泰国也有。

形态特征

附生草本。茎粗壮，长 13～23 厘米或更长，粗 1.2～1.5 厘米，具多数 2 列的叶。叶厚革质，带状，长 17～18 厘米，宽 1.7～2 厘米，下部呈 V 字形对折，先端近斜截并且具 2～3 个尖齿状的缺刻，基部具 1 个关节和宿存而抱茎的鞘。花序 1～3 个，近直立，长达 37 厘米，不分枝。花序轴长 10～13 厘米，疏生数朵花；花序柄粗 3～6 毫米，被 3～4 枚膜质筒状鞘；花苞片宽卵形，长约 1 厘米，宽 7～8 毫米，先端钝；花梗和子房长 5 厘米；花大，质地薄，天蓝色；萼片相似于花瓣，宽倒卵形，长 3.5～5 厘米，宽 2.5～3.5 厘米，先端圆形，基部楔形或收窄为短爪，具 7～8 条主脉和许多横脉；花瓣长 3～4 厘米，宽 1.8～2.5 厘米，先端圆形，基部收窄为短爪，具 7～8 条主脉和许多横脉；唇瓣 3 裂；侧裂片白色，内面具黄色斑点，狭镰刀状，直立，长约 4 毫米，先端近渐尖；中裂片深蓝色，舌形，向前伸，长 2～2.5 厘米，宽 7～8 毫米，先端近截形且其中央凹缺，基部具 1 对胼胝体，上面具 3 条纵向的脊突；距圆筒状，向末端渐狭，长 5～6 毫米，末端稍钝，中部稍弯曲;蕊柱长约 6 毫米;药帽白色。花期 10—11 月。

生长习性

喜光照、湿润的生态环境,不耐寒,适宜在通风、排水性良好的土壤中生长,常生于河岸或山地疏林中树干上。

保护级别

国家二级重点保护野生植物。

主要价值

观赏:大花万代兰花叶并茂,花色稀有,花期长久,是优良的观赏兰花,盆栽或多株附于木桩成桩景,可布置于室内,也可攀附庭园树干上,或于庭荫处沿柱而植,或植于山石上,可以营造热带风情;花枝可作切花观赏。

繁育技术

一般采用分株和扦插方式进行繁育。

用底面尺寸 10 厘米×10 厘米、高 5 厘米的木框代替花盆,将万代兰苗固定在其中间,再填充一些碎椰衣,用细铁丝做成吊钩挂在木框上,让根系完全暴露在空气中。

光照:大花万代兰需要较强的光线,在高温季节只需使用 40%～50% 的遮光网遮光,冬季不需要遮光。

温度:喜高温环境,适宜温度为 20 ℃～30 ℃。

湿度:大花万代兰是典型的热带气生植物,日常管理中必须保证充足的水分和空气湿度。在雨季靠自然条件即可保持旺盛的长势。干季必须通过人工洒水使空气湿度保持在80% 左右。

肥料:视生长情况,决定施肥次数。一般每周施一次配成 0.1% 的洋兰专用复合肥,喷洒在叶面及根系上。在不同的生长时期,使用不同配比氮磷钾复合肥。

68
太行花

物种简介

太行花（*Taihangia rupestris*）是蔷薇科太行花属植物。

分布生境

产河南省北部太行山。

形态特征

多年生草本。根茎粗壮,根深长,伸入石缝部分有时达地上部分的 5 倍。花葶无毛或有时被稀疏柔毛,高 4～15 厘米,葶上无叶,仅有 1～5 枚对生或互生的苞片,苞片 3 裂,裂片带状披针形,无毛。基生叶为单叶,稀有时叶柄上部有 1～2 极小的裂片,卵形或椭圆形,长 2.5～10 厘米,宽 2～8 厘米,顶端圆钝,基部截形或圆形,稀阔楔形,边缘有粗大钝齿或波状圆齿,上面绿色,无毛,下面淡绿色,几无毛或在叶基部脉上有极稀疏柔毛;叶柄长 2.5～10 厘米,无毛或被稀疏柔毛。花雄性和两性同株或异株,单生花葶顶端,稀 2 朵,花开放时直径 3～4.5 厘米;萼筒陀螺形,无毛,萼片浅绿色或常带紫色,卵状椭圆形或卵状披针形,顶端急尖至渐尖;花瓣白色,倒卵状椭圆形,顶端圆钝;雄蕊多数,着生在萼筒边缘;雌蕊多数,被疏柔毛,螺旋状着生在花托上,在雄花中数目较少,不发育且无毛;花柱被短柔毛(毛长约 0.2 毫米),延长达 14～16 毫米,仅顶端无毛,柱头略扩大;花托在果时延长,达 10 毫米,纤细柱状,直径约 1 毫米。瘦果长 3～4 毫米,被疏柔毛(毛长 0.5 毫米)。花果期 5—8 月。

❀ 生长习性

生长在海拔 1 100～1 200 米的阴坡疏林下或峭壁岩缝中。

❀ 保护级别

国家二级重点保护野生植物。

❀ 主要价值

观赏：太行花花色洁白，花朵稠密，观赏性强。

科研：花朵的构造特殊，是研究蔷薇科植物的好材料。太行花是古老的孑遗种，对于阐明蔷薇科某些类群的起源和演化等问题有一定的科研价值。

❀ 繁育技术

暂无栽培。

69

山楂海棠

物种简介

　　山楂海棠（*Malus komarovii*）是蔷薇科苹果属植物。

分布生境

　　产吉林省长白山。生长于海拔 1 100～1 300 米灌木丛中。朝鲜北部也有。

形态特征

　　灌木或小乔木，高达 3 米；小枝圆柱形，幼时具柔毛，暗红色，老枝无毛，红褐色或紫褐色，有稀疏

褐色皮孔；冬芽卵形，鳞片边缘具柔毛，暗红色。叶片宽卵形，稀长椭卵形，长 4～8 厘米，宽 3～7 厘米，先端渐尖或急尖，基部心形或近心形，边缘具有尖锐重锯齿，通常中部有显明 3 深裂，基部常具一对浅裂，上半部常具不规则浅裂或不裂，裂片长圆卵形，先端渐尖或急尖，幼时上面有稀疏柔毛，下面沿叶脉及中脉较密；叶柄长 1～3 厘米，被柔毛；托叶膜质，线状披针形，边缘有腺齿，早落。伞房花序，具花 6～8 朵，花梗长约 2 毫米，被长柔毛；花直径约 3.5 厘米；萼筒钟状，外面密被绒毛；萼片三角披针形，先端渐尖，全缘，长 2～3 毫米，内面密被绒毛，外面近于无毛，比萼筒长；花瓣倒卵形，白色；雄蕊 20～30；花柱 4～5，基部无毛。果实椭圆形，长 1～1.5 厘米，直径 0.8～1.0 厘米，红色，果心先端分离，萼片脱落，果肉有少数石细胞，果梗长约 1.5 厘米。花期 5 月，果期 9 月。

生长习性

喜酸性土壤,在腐殖质层厚、保水好的地方生长较旺盛。耐寒,在 −40 ℃的酷寒条件下可安全越冬。抗霜力强,在无霜期 90 天左右的地方,也可正常生长。

保护级别

国家二级重点保护野生植物。

主要价值

观赏:山楂海棠春夏观花,一簇簇粉白的花朵,素雅而美丽;秋季观果,金红如玛瑙珠般亮泽的果实挂满枝头,有很高的观赏价值。

食用:果实酸甜,富含维生素 C,可生食,果味偏酸并有微涩,贮藏后品质较好,可制作果汁、果酱及酿酒。

科研:山楂海棠极耐严寒,加之植株低矮,是培育苹果属矮化品种的遗传基因库,也是研究苹果属抗寒性的宝贵材料,是高抗苹腐烂病新种质资源,可作培育新抗病品种的优良亲本。

繁育技术

暂无栽培。

70
锡金海棠

物种简介

锡金海棠（*Malus sikkimensis*）是蔷薇科苹果属植物。

分布生境

产中国四川省西部、西藏自治区南部和东南部、云南省西北部，印度、尼泊尔、不丹也有。生于2 500～3 000米疏林山坡上和山谷的混交林中。

形态特征

落叶小乔木；株高6～8米；小枝幼时被绒毛；叶卵形或卵状披针形，长5～7厘米，先端渐尖，基部圆或宽楔形，有尖锐锯齿，上面无毛，下面被短绒毛，沿中脉和侧脉较密；叶柄长1～3.5厘米，幼时有绒毛，后渐脱落；托叶钻形，早落；伞形花序生于枝顶，有6～10花；花梗长3.5～5厘米，初被绒毛，后渐脱落；花径2.5～3厘米；萼筒椭圆形，萼片披针形，初被绒毛，后渐脱落，花后反折；花瓣白色，近圆形，有短爪，外被绒毛；雄蕊25～30，花柱5，基部合生，无毛；果倒卵状球形或梨形，径1～1.8厘米，成熟时暗红色；花期5—6月，果期9月。

生长习性

锡金海棠喜温和湿润的环境气候，喜酸性黄棕壤。常生于亚高山或河谷针阔叶混交林内或疏林下。

保护级别

国家二级重点保护野生植物。

主要价值

观赏：秋季红果色彩鲜艳挂满枝头，有观赏价值。

科研：可作苹果砧木种质资源，对植物区系和植物地理的研究也具有科学意义。

繁育技术

暂无栽培。

71

银粉蔷薇

物种简介

银粉蔷薇（*Rosa anemoniflora*）是蔷薇科蔷薇属植物。

分布生境

产福建省。多生于海拔 400～1 000 米的山坡、荒地、路旁、河边等处。

形态特征

攀缘小灌木，枝条圆柱形，紫褐色；小枝细弱，无毛；散生钩状皮刺和稀疏腺毛。小叶 3，稀 5，连叶柄长 4～11 厘米；小叶片卵状披针形或长圆披针形，长 2～6 厘米，宽 0.8～2 厘米，先端渐尖，基部圆形或宽楔形，边缘有紧贴细锐锯齿，上面中脉下陷，下面苍白色，中脉突起，两面无毛；叶柄无毛，有散生皮刺和稀疏腺毛；托叶狭，极大部分贴生于叶柄，仅顶端分离，离生部分披针形，边缘有带腺锯齿。花单生或成伞房花序，稀有伞房圆锥花序；花直径 2～2.5 厘米，花梗长 1～3.5 厘米，无毛，有稀疏的腺毛；萼片披针形，先端渐尖，全缘，外面无毛，内面有短柔毛，边缘有稀疏腺毛，花后反折；花瓣粉红色，倒卵形，先端微凹，基部楔形；花柱结合成束，伸出，有柔毛，比雄蕊稍长。果实卵球形，直径约 7 毫米，紫褐色，无毛。花期 3—5 月，果期 6—8 月。

生长习性

银粉蔷薇耐干旱瘠薄，不太耐寒，多生于山坡、荒地、路旁、河边。

保护级别

国家二级重点保护野生植物。

主要价值

观赏：银粉蔷薇藤茎耐修剪，可塑性强，可用于绿篱、护坡和各类花架、园门和园墙等垂直绿化及造型景观。有重瓣变型，花淡粉红色，娇艳清新，观赏性强。

繁育技术

通常采用扦插、压条方式进行繁育。

扦插：春秋两季皆可进行。用当年嫩枝扦插育苗，容易成活。选择生长健壮没有病虫害的枝条作插穗。嫩枝插穗采后应立即扦插，以防萎蔫影响成活。插穗的下面切口沾些草木灰，有防止腐烂的作用。扦插温度保持 20 ℃～25 ℃为宜。温度过低生根慢，过高则易引起插穗切口腐烂。扦插后注意保持基质湿润，同时还应注意空气湿度，可用覆盖塑料薄膜保持湿度，但要注意定时通风。

压条：选择优良品种中较老的枝条，埋于湿润的基质中，待其生根后与母株割离，形成新植株。成株率高，但繁殖系数小。多在用其他方法繁殖困难，或要繁殖较大的新株时采用压条。与嫁接不同，枝条保持原样，即不脱离母株，将其一部分埋于土中，待其生根后再与母株断开。

72

小檗叶蔷薇

🌸 物种简介

　　小檗叶蔷薇(*Rosa berberifolia*)为蔷薇科蔷薇属植物。

📍 分布生境

　　产我国新疆维吾尔自治区。生于山坡、荒地或路旁干旱地区,海拔 120～550 米。俄罗斯也有分布。

✳ 形态特征

　　低矮铺散灌木,高 30～50 厘米;小枝嫩时黄色,光滑,老时暗褐色,粗糙,无毛;皮刺黄色,散生或成对生于叶片基部,弯曲或直立,有时混有腺毛。单叶,叶片椭圆形、长圆形、稀卵形,长 1～2 厘米,宽 5～10 毫米,先端急尖或圆钝,基部近圆形稀宽楔形,边缘有锯齿,近基部全缘,两面无毛或下面在幼时有稀疏短柔毛;无柄或近无柄;无托叶。花单生,直径 2～2.5 厘米;花梗长 1～1.5 厘米,无毛或有针刺;萼片披针形,先端尾尖或长渐尖,外面有短柔毛和稀疏针刺,内面有灰白色绒毛;萼筒外被长针刺;花瓣黄色,基部有紫红色斑点,倒卵形,比萼片稍长;雄蕊紫色,多数,着生在坛状花托口部的周围;心皮多数,花柱离生,密被长柔毛,比雄蕊短。果实近球形,直径约 1 厘米,紫褐色,无毛,密被针刺,萼片宿存。花期 5—6 月,果期 7—9 月。

生长习性

喜阳光,亦耐半阴,较耐寒。在中国北方大部分地区都能露地越冬。对土壤要求不严,耐干旱,耐瘠薄,在土层深厚、疏松、肥沃、湿润而又排水良好的土壤中生长更好,也可在黏重土壤上正常生长。不耐水湿,忌积水。

保护级别

国家二级重点保护野生植物。

主要价值

观赏:小檗叶蔷薇花密、色艳、香浓,是极好的垂直绿化材料,可以吸收废气、阻挡灰尘、净化空气,适用于布置花柱、花架、花廊和墙垣。

繁育技术

通常采用扦插、压条方式进行繁育,方法可参考银粉蔷薇。

73
单瓣月季花

物种简介

单瓣月季花(*Rosa chinensis* var. *spontanea*)是蔷薇科蔷薇属植物。

分布生境

产湖北省、四川省、贵州省,为月季花原始种。常生于石灰岩和泥板岩上,海拔 500～1 950 米。

形态特征

直立灌木,高 1～2 米;小枝粗壮,圆柱形,近无毛,有短粗的钩状皮刺或无刺。小叶 3～5,稀 7,连叶柄长 5～11 厘米,小叶片宽卵形至卵状长圆形,长 2.5～6 厘米,宽 1～3 厘米,先端长渐尖或渐尖,基部近圆形或宽楔形,边缘有锐锯齿,两面近无毛,上面暗绿色,常带光泽,下面颜色较浅,顶生小叶片有柄,侧生小叶片近无柄,总叶柄较长,有散生皮刺和腺毛;托叶大部贴生于叶柄,仅顶端分离部分成耳状,边缘常有腺毛。花几朵集生,稀单生,直径 4～5 厘米;花梗长 2.5～6厘米,近无毛或有腺毛,萼片卵形,先端尾状渐尖,有时呈叶状,边缘常有羽状裂片,稀全缘,外面无毛,内面密被长柔毛;花瓣重瓣至半重瓣,红色、粉红色至白色,倒卵形,先端有凹缺,基部楔形;花柱离生,伸出萼筒口外,约与雄蕊等长。果卵球形或梨形,长1～2 厘米,红色,萼片脱落。花期 4—9 月,果期 6—11 月。

生长习性

单瓣月季花较耐寒,耐旱,耐瘠薄土壤,开花和展叶都早,适应力强,较易栽培。

保护级别

国家二级重点保护野生植物。

主要价值

观赏：单瓣月季花花朵轻盈，色彩亮丽，具较高的观赏价值，可用作园林观赏植物。

科研：是一种重要的月季种质资源，是现代月季最原始的亲本材料之一。

繁育技术

通常采用扦插方式进行繁育。宜用草炭土混入少量珍珠岩做基质，采集单瓣月季花半木质化的当年生枝条，除去枝条顶端的细弱部分，将枝条剪成 5～7 厘米长的插条，每个插条包含 2 个节间和相应的芽眼，下剪口的位置距离下芽眼 2 厘米以上，上剪口的位置距离上芽眼 0.3～0.5 厘米，剪去位于下节间的叶片，保留上节间的叶片。将剪好的插条基部以 0.08％的吲哚乙酸溶液浸泡 10 分钟，浸入深度为 1～2 厘米，插入基质中，深度为 2～3 厘米，使叶片朝向一致，向叶片上喷清水至湿润形成水滴。用遮光率为 70％～80％的遮阴网进行遮光，保持空气湿度 85％～90％，保持白天温度 24 ℃～26 ℃、夜间温度 16 ℃～18 ℃；每 7～10 天喷 1 次常规杀菌剂；25～30 天插条开始生根，35～40 天可移栽定植。

74

广东蔷薇

物种简介

广东蔷薇（*Rosa kwangtungensis*）是蔷薇科蔷薇属植物。

分布生境

分布于中国广东省、广西壮族自治区和福建省，多生于海拔 100～500 米的山坡、路旁、河边或灌丛中。

形态特征

攀缘小灌木，有长匍枝，枝暗灰色或红褐色，无毛；小枝圆柱形，有短柔毛，皮刺小，基部膨大，稍向下弯曲。小叶 5～7，连叶柄长 3.5～6 厘米；小叶片椭圆形、长椭圆形或椭圆状卵形，长 1.5～3 厘米，宽 8～15 毫米，先端急尖或渐尖，基部宽楔形或近圆形，边缘有细锐锯齿，上面暗绿色，沿中脉有柔毛，下面淡绿色，被柔毛，沿中脉和侧脉较密，中脉突起，密被柔毛，有散生小皮刺和腺毛；托叶大部贴生于叶柄，离生部分披针形，边缘有不规则细锯齿，被柔毛。顶生伞房花序，直径 5～7 厘米，有花 4～15 朵；花梗长 1～1.5 厘米，总花梗和花梗密被柔毛和腺毛；花直径 1.5～2 厘米；萼筒卵球形，外被短柔毛和腺毛，逐渐脱落，萼片卵状披针形，先端长渐尖，全缘，两面有毛，边缘较密，外面混生腺毛；花瓣白色，倒卵形，比萼片稍短；花柱结合成柱，伸出，有白色柔毛，比雄蕊稍长。果实球形，直径 7～10 毫米，紫褐色，有光泽，萼片最后脱落。花期 3—5 月，果期 6—7 月。

生长习性

　　喜光、耐半阴、耐寒、对土壤要求不严，在黏重土中也可正常生长。耐瘠薄，忌低洼积水，以肥沃、疏松的微酸性土壤为佳。

保护级别

国家二级重点保护野生植物。

主要价值

　　观赏：广东蔷薇花繁叶茂，芳香清幽，易繁殖，适宜植于溪畔、路旁、园边，或用于花柱、花架、花门、篱垣与栅栏、墙面、山石、阳台、窗台、立交桥的绿化美化，观赏性强，是较好的园林绿化材料。

繁育技术

　　通常采用扦插、压条方式进行繁育。方法可参考银粉蔷薇。

75
亮叶月季

物种简介

亮叶月季（*Rosa lucidissima*）为蔷薇科蔷薇属植物。

分布生境

产湖北省、四川省、贵州省。多生于海拔 400～1 400 米的山坡杂木林中或灌丛中。

形态特征

常绿或半常绿攀缘灌木；小枝粗壮，老枝无毛，有基部压扁的弯曲皮刺，有时密被刺毛。小叶通常 3，极稀 5；连叶柄长 6～11 厘米；小叶片长圆状卵形或长椭圆形，长 4～8 厘米，宽 2～4 厘米，先端尾状渐尖或急尖，基部近圆形或宽楔形，边缘有尖锐或紧贴锯齿，两面无毛，老时常呈紫褐色，上面颜色深绿，有光泽，下面苍白色；顶生小叶柄较长，侧生小叶柄短，总叶柄有小皮刺和稀疏腺毛；托叶大部贴生，仅顶端分离，无毛，游离部分披针形，边缘有腺。花单生，直径 3～3.5 厘米，花梗短，长 6～12 毫米，花梗和萼筒无毛或幼时微有短柔毛，稀有腺毛，无苞片；萼片与花瓣近等长，长圆状披针形，先端尾状渐尖，全缘或稍有缺刻，外面近无毛，有时有腺，内面密被柔毛，花后反折；花瓣紫红色，宽倒卵形，顶端微凹，基部楔形；雄蕊多数，着生在坛状花托口周围的突起花盘上；心皮多数，被毛，花柱紫红色，离生，比雄蕊稍短。果实梨形或倒卵球形，常呈黑紫色，平滑，果梗长 5～10 毫米。花期 4—6 月，果期 5—8 月。

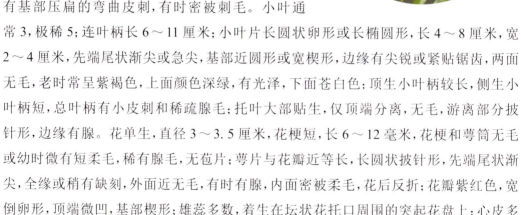

生长习性

亮叶月季喜阳光,亦耐半阴,较耐寒。在中国北方大部分地区都能露地越冬。对土壤要求不严,耐干旱,耐瘠薄,在土层深厚、疏松、肥沃湿润而又排水通畅的土壤中生长更好,也可在黏重土壤上正常生长。不耐水湿,忌积水。

保护级别

国家二级重点保护野生植物。

主要价值

观赏:亮叶月季花密、色艳、香浓,是极好的垂直绿化材料,适用于布置花柱、花架、花廊和墙垣,是作绿篱的良好材料,适合家庭种植。

繁育技术

通常采用扦插方式进行繁育。方法可参考银粉蔷薇。

76

大花香水月季

🌼 物种简介

大花香水月季（*Rosa odorata* var. *gigantea*）是蔷薇科蔷薇属香水月季的变种，是我国云南特有种。

📍 分布生境

产云南省，为香水月季原始类型。大花香水月季种质资源在云南省分布范围广，从南到北，从西向中，从海拔800米的河谷至2 600米的亚高山地带的山坡林缘或灌丛中，均有大面积分布。

✳ 形态特征

常绿或半常绿攀缘灌木，有长匍匐枝，枝粗壮，无毛，有散生而粗短钩状皮刺。小叶5～9，连叶柄长5～10厘米；小叶片椭圆形、卵形或长圆卵形，长2～7厘米，宽1.5～3厘米，先端急尖或渐尖，稀尾状渐尖，基部楔形或近圆形，边缘有紧贴的锐锯齿，两面无毛，革质；托叶大部贴生于叶柄，无毛，边缘或仅在基部有腺，顶端小叶片有长柄，总叶柄和小叶柄有稀疏小皮刺和腺毛。花单生或2～3朵，直径5～8厘米；花梗长2～3厘米，无毛或有腺毛；萼片全缘，稀有少数羽状裂片，披针形，先端长渐尖，外面无毛，内面密被长柔毛；花为单瓣，乳白色，芳香，直径8～10厘米。倒卵形；心皮多数，被毛；花柱离生，伸出花托口外，约与雄蕊等长。果实呈压扁的球形，稀梨形，外面无毛，果梗短。花期6—9月。

生长习性

大花香水月季喜光,喜温和的气候,不耐炎热,也不耐严寒,适宜生长温度为白天15 ℃～26 ℃,夜间 10 ℃～15 ℃。温度过高或过低,都会影响花的数量和质量。对土壤的要求不高,但在排水良好、富含腐殖质的土壤中生长更佳。

保护级别

国家二级重点保护野生植物。

主要价值

观赏:大花香水月季是蔷薇品种里面花朵最大的一种,有许多变种,常见的颜色有白色、黄色、红色、蓝色、黑红色、绿色、橙色、粉色、复色等;花形雅致优美,具有极高的观赏价值,适宜中国大部分地区栽植。

科研:大花香水月季具有芳香、大花、低温开花等优良园艺性状,是现代月季的重要种质资源。

繁育技术

通常采用扦插方式进行繁育。方法可参考银粉蔷薇。

77

中甸刺玫

物种简介

中甸刺玫（*Rosa praelucens*）是蔷薇科蔷薇属植物。

分布生境

产云南省中甸。多生于向阳山坡丛林中，海拔2 700～3 000 米。

形态特征

灌木，高2～3 米；枝粗壮，弓形，紫褐色，散生粗壮弯曲皮刺。小叶7～13，连叶柄长5～20 厘米；小叶片倒卵形或椭圆形，长1～6 厘米，宽7～23 毫米，先端圆钝或急尖，基部圆形或宽楔形，边缘上半部有单锯齿或不明显重锯齿，下半部全缘，上面暗绿色，上下两面密被短柔毛，下面在叶脉及边缘密被长柔毛；小叶柄和叶轴密被绒毛和散生小皮刺；托叶大部贴生于叶柄，离生部分三角形或披针形，两面被柔毛，边缘有腺毛。花单生，基部有叶状苞片；花梗短粗。长3～6 厘米，密被绒毛和散生腺毛；花直径5～9 厘米；萼筒扁球形，外被柔毛和稀疏皮刺，萼片卵状披针形，顶端叶状，全缘，内外两面均密被绒毛状长柔毛或外面基部近无毛，比花瓣稍短；花瓣红色，宽倒卵形，长3～4.5 厘米，先端圆或微缺；雄蕊多数，长于花柱；花柱离生，密被长柔毛。果实扁球形，绿褐色，外面散生针刺，萼直立；宿存。花期6—7 月。

🌼 生长习性

分布地为高原温寒湿润气候,较耐寒,耐瘠薄土壤。

🌿 保护级别

国家二级重点保护野生植物。

🔖 主要价值

观赏:花朵粉白,纯净剔透,观赏价值极高。

科研:中甸刺玫是珍贵的高山花卉资源,是高海拔地区的园林绿化树种,也是月季杂交育种的重要亲本材料。

🌱 繁育技术

一般采用扦插方式进行繁育。方法可参考银粉蔷薇。

78
玫　瑰

物种简介

　　玫瑰(*Rosa rugosa*)是蔷薇科蔷薇属多种植物和培育花卉的通称。

分布生境

　　原产我国华北以及日本和朝鲜。我国各地均有栽培。

形态特征

　　直立灌木,高可达 2 米;茎粗壮,丛生;小枝密被绒毛,并有针刺和腺毛,有直立或弯曲、淡黄色的皮刺,皮刺外被绒毛。小叶 5～9,连叶柄长 5～13 厘米;小叶片椭圆形或椭圆状倒卵形,长 1.5～4.5 厘米,宽 1～2.5 厘米,先端急尖或圆钝,基部圆形或宽楔形,边缘有尖锐锯齿,上面深绿色,无毛,叶脉下陷,有褶皱,下面灰绿色,中脉突起,网脉明显,密被绒毛和腺毛,有时腺毛不明显;叶柄和叶轴密被绒毛和腺毛;托叶大部贴生于叶柄,离生部分卵形,边缘有带腺锯齿,下面被绒毛。花单生于叶腋,或数朵簇生,苞片卵形,边缘有腺毛,外被绒毛;花梗长 5～225 毫米,密被绒毛和腺毛;花直径 4～5.5 厘米;萼片卵状披针形,先端尾状渐尖,常有羽状裂片而扩展成叶状,上面有稀疏柔毛,下面密被柔毛和腺毛;花瓣倒卵形,重瓣至半重瓣,芳香,紫红色至白色;花柱离生,被毛,稍伸出萼筒口外,比雄蕊短很多。果扁球形,直径 2～2.5 厘米,砖红色,肉质,平滑,萼片宿存。花期 5—6 月,果期 8—9 月。

⚙ 生长习性

玫瑰喜阳光充足，耐寒、耐旱，喜排水良好、疏松肥沃的壤土或轻壤土，在黏壤土中生长不良，开花不佳。宜栽植在通风良好、离墙壁较远的地方，以防日光反射，灼伤花苞，影响开花。

🌿 保护级别

国家二级重点保护野生植物。

◐ 主要价值

观赏：玫瑰花朵艳丽，是我国传统的十大名花之一，也是世界四大切花之一，可作庭院观赏花卉。

食用：玫瑰花含有多种微量元素，维生素 C 含量高，可制作各种食品，如玫瑰糖、玫瑰糕、玫瑰茶、玫瑰酒、玫瑰酱菜、玫瑰膏等。

药用：玫瑰花中含有芳香的醇、醛、脂肪酸、酚和含香精的油和脂，具柔肝醒胃、舒气活血、美容养颜等功效。玫瑰初开的花朵及根可入药，有理气、活血、收敛等作用、主治月经不调，跌打损伤、肝气胃痛、乳臃肿痛等症。

香料：玫瑰为香料植物，从玫瑰花中提取的玫瑰油，在国际市场上价格昂贵，被称为"液体黄金"。玫瑰油成分纯净，气味芳香，一直是世界香料工业不可取代的原料，在欧洲多用于制造高级香水等化妆品。从玫瑰油废料中开发抽取的玫瑰水，因其不加任何添加剂和化学原料，是纯天然的护肤品。

🌱 繁育技术

玫瑰可采取播种、分株、扦插、压条、嫁接等多种方式进行繁育。

播种：一般在春季进行。可穴播，也可沟播，一般在 4 月中旬发芽。移植时间分为春播和秋播两种，通常在秋末落叶后或春季树液流动之前进行。

分株：通常在早春或深秋进行。将整株玫瑰带土挖出进行分株，每株有 1～2 条枝并带一些须根，种植在花盆或露地中，当年即能开花。

扦插：宜在早春或深秋季节休眠时进行。剪取成熟的带 3～4 个芽的枝条进行扦插。如果选用嫩芽扦插，注意适当遮阴并保持苗床湿润。使用生根粉蘸枝扦插，可提高成活率。扦插后一般 30 天即可生根。

压条：宜在夏季进行。把玫瑰枝条从母体上弯下来压入土中。在入土枝条的中部，树皮的下半部分被剥落以暴露树枝。等这根枝条生出不定根并长出新叶以后，再与母体切断。

嫁接：嫁接常用野蔷薇作为砧木，分芽接和枝接两种。一般在 8—9 月，嫁接部位应尽可能接近地面。在砧木茎枝的一侧用芽接刀于皮部做 T 形切口，在发育良好的玫瑰枝条中间，采摘嫩芽，将芽插入 T 形切口后，将它们系在塑料袋中并适当遮阴，约 2 周愈合。

79

滇牡丹

物种简介

滇牡丹（*Paeonia delavayi*）是芍药科芍药属亚灌木。

分布生境

分布于云南省、四川省及西藏自治区。生长于海拔 2 300～3 700 米的山地阳坡及草丛中。

形态特征

亚灌木，全体无毛。茎高 1.5 米；当年生小枝草质，小枝基部具数枚鳞片。叶为二回三出复叶；叶片轮廓为宽卵形或卵形，长 15～20 厘米，羽状分裂，裂片披针形至长圆状披针形，宽 0.7～2 厘米；叶柄长 4～8.5 厘米。花 2～5 朵，生枝顶和叶腋，直径 6～8 厘米；苞片 3～6，披针形，大小不等；萼片 3～4，宽卵形，大小不等；花瓣 9～12，红色、红紫色，倒卵形，长 3～4 厘米，宽 1.5～2.5 厘米；雄蕊长 0.8～1.2 厘米，花丝长 5～7 毫米，干时紫色；花盘肉质，包住心皮基部，顶端裂片三角形或钝圆；心皮 2～5，无毛。蓇葖长 3～3.5 厘米，直径 1.2～2 厘米。花期 5 月，果期 7—8 月。

生长习性

喜温暖、凉爽、干燥、阳光充足的环境。喜阳光，也耐半阴，耐寒，耐干旱，耐弱碱，忌积水，怕热，怕烈日直射。适宜在疏松、深厚、肥沃、地势高燥、排水良好的中性沙壤土中生长。

保护级别

国家二级重点保护野生植物。

主要价值

观赏：色泽艳丽，有富丽堂皇之感，观赏价值极高。

药用：根入药，根皮（赤丹皮）可治吐血、尿血、血痢、痛经等症；去掉根皮的部分（云白芍）可治胸腹胁肋疼痛、泻痢腹痛、自汗盗汗等症。

繁育技术

通常采用分株、嫁接方式进行繁育。播种方式多用于培育新品种。

80

杨山牡丹

物种简介

杨山牡丹（*Paeonia ostii*）是芍药科芍药属植物。

分布生境

产河南省，野生居群极少，现已广泛栽培，分布于中国山东省、河南省、陕西省、安徽省等省份。

形态特征

落叶灌木；株高达1.5米；茎皮褐灰色，有纵纹；一年生枝黄绿色；叶为二回羽状复叶，小叶多至15；小叶窄卵形或卵状披针形，长5～15厘米，宽2～5厘米，基部楔形或圆，两面无毛，顶生小叶通常3裂，侧生小叶多数全缘，少2裂；花单生枝顶，单瓣；苞片3，卵圆形；萼片3，宽卵圆形；花瓣9～11，白色或下部带粉色，倒卵形，长5～6.5厘米，宽3.5～5厘米；雄蕊多数，花药黄色：花丝紫红色：心皮5，密被黄白色绒毛；柱头紫红色；蓇葖果圆柱形，长2～3.3厘米；种子黑色，有光泽。花期4月中旬至5月上旬，果期8—9月。

生长习性

属于典型的温带植物，喜温和凉爽、阳光充足的环境，具有一定的耐寒性，稍耐半阴，宜高燥，忌湿热，要求土壤疏松、深厚。

保护级别

国家二级重点保护野生植物。

主要价值

观赏：杨山牡丹花瓣单薄轻盈，洁白的花瓣下部略带粉红，华贵雅致，具有很高的观赏价值。

药用：杨山牡丹的干燥根皮入药，具有清热凉血、活血散瘀、抗炎、镇静、降温、解热、镇痛、解痉、抗动脉粥样硬化、利尿、抗溃疡等功效。

繁育技术

通常采用分株方式进行繁育。播种方法多用于培育新品种。

分株宜在 9 月下旬至 10 月中旬进行，种株以 3 年生的分株为宜。分株时先将母株挖出，去除泥土和病残根，晾晒 1～2 天，待根部失水变软后再顺势分株。将植株分成带有部分细根和 2～3 个萌芽的数丛，伤口处用杀菌剂均匀涂抹，可将根颈上部的老枝剪去，只保留萌蘖芽和当年萌蘖新枝，栽植时注意保持根系舒展不可弯曲，栽植深度以根颈低于地面 2 厘米左右为宜，填土压实。冬季封土保温保墒，以安全越冬。

81
紫斑牡丹

物种简介

紫斑牡丹（*Paeonia rockii*）是芍药科芍药属植物。

分布生境

分布于四川省、甘肃省、陕西省。在甘肃省、青海省等地有栽培。生长于海拔 1 100～2 800 米的山坡林下灌丛中。

形态特征

落叶灌木，高达 2 米，分枝短而粗。叶为二至三回羽状复叶，小叶不分裂，稀不等 2～4 浅裂。花单生枝顶，直径 10～17 厘米；花梗长 4～6 厘米；萼片 5，花瓣 5，花瓣内面基部具深紫色斑块，倒卵形，长 5～8 厘米，宽 4.2～6 厘米，顶端呈不规则的波状；花盘革质，杯状，紫红色，顶端有数个锐齿或裂片，完全包住心皮，在心皮成熟时开裂。蓇葖果长圆形，密生黄褐色硬毛。

生长习性

紫斑牡丹耐寒、耐旱、适应性强。喜光，亦耐半阴，适应于黄土母质上发育的各种土壤，可耐 pH 8.0～8.5 碱性土壤。

保护级别

国家一级重点保护野生植物。

主要价值

观赏：紫斑牡丹白色花瓣下部带紫斑，大气、高贵、雅致，观赏价值很高。

药用：其根皮供药用，具清热凉血、活血散瘀、镇痛、通经等功效。

科研：对研究牡丹属的系统发育和培育，牡丹新品种具有一定意义。

繁育技术

紫斑牡丹一般采用嫁接方式进行繁育。播种方法多用于培育新品种。嫁接是能够快速精确大量繁殖苗木的主要方法。嫁接方法分切接和贴接。

切接：用于直径为 2 厘米以上芍药根砧。将直径在 2 厘米以上的芍药根砧选留长度 20 厘米左右顶端削平，在根砧平面切口的中间纵切 1 刀，切口长度要稍长于接穗的削口；接穗留 1 个芽，削成楔形插入砧木切口的中间部位，插入深度以接穗削面上端留白 2 厘米为宜，用麻绳或纸胶带绑紧，埋于细绵沙中。1 个月后移栽于苗圃中。

贴接：用于直径在 1 厘米左右芍药根砧。将芍药根砧顶端削平，再将根砧斜削 1 刀，削口长度要略长于接穗的削口，接穗留 1 个芽，在接穗下部也斜削 1 刀，接穗削面上端留白 2 厘米，将砧、穗削口对合密接，用麻绳或纸胶带绑紧，埋于细绵沙中。1 个月后移栽于苗圃中。

82
白花芍药

物种简介

白花芍药（*Paeonia sterniana*）为芍药科芍药属植物。

分布生境

产西藏自治区东南部。生于海拔 2 800～3 500 米的山地林下。

形态特征

多年生宿根草本。茎高 50～90 厘米，无毛。下部叶为二回三出复叶，上部叶 3 深裂或近全裂；顶生小叶 3 裂至中部或 2/3 处，侧生小叶不等 2 裂，裂片再分裂，小叶或裂片狭长圆形至披针形，长 10～12 厘米，宽 1.2～2 厘米，顶端渐尖，基部楔形，下延，全缘，表面深绿色，背面淡绿色，两面均无毛。花盛开 1 朵，上部叶腋有发育不好的花芽，直径 8～9 厘米；苞片 3～4，叶状，大小不等；萼片 4，卵形，长 2～3 厘米，宽 1～1.5 厘米，干时带红色；花瓣白色，倒卵形，长约 3.5 厘米，宽 2 厘米；心皮 3～4，无毛。蓇葖卵圆形，长 2.5～3 厘米，直径约 1 厘米，成熟时鲜红色，果皮反卷，无毛，顶端无喙，有也极短。果期 9 月。

生长习性

喜阳光、喜温、喜肥，有一定的耐寒、耐旱特性。

保护级别

国家二级重点保护野生植物。

主要价值

观赏：白花芍药花朵硕大，洁白素雅，具有一定的观赏价值。

药用：以肉质块根入药，有清热解毒、活血止痛等功效。

繁育技术

通常采用分株方式进行繁育。宜选在芍药休眠期（10月中旬至11月中旬）进行。先将块根挖起，洗净泥土，用剪刀对根茎进行切割，一般保留根长10厘米左右的部分，并留有芽眼；将切割后的根茎进行埋深，深度要求为15～20厘米；浇透水，覆盖草帘进行保护。翌春即可发芽。

83

白菊木

物种简介

白菊木（*Leucomeris decora*）是菊科白菊木属植物。白菊木是我国罕见的木本菊科植物，它与栌菊木（*Nouelia insignis*）一起被称为"菊树"。

分布生境

产于云南省。生于山地林中，海拔 1 100～1 900 米。越南、泰国、缅甸也有分布。

形态特征

落叶小乔木，高 2～5 米。枝有条纹，幼时白色，被绒毛。叶片纸质，椭圆形或长圆状披针形，长 8～18 厘米，宽 3～6 厘米，顶端短渐尖或钝，基部阔楔形，两侧常不等长，边缘浅波状，具极疏的胼胝体状小齿，上面光滑，仅幼时被毛，下面被绒毛；中脉两面均凸起，于下面尤著，侧脉 8 对或有时更多，基部近平展几成直角从中脉发出，后弧形上升离缘弯拱连接，网脉明显，网眼小；叶柄长 1.5～4 厘米，内侧腋芽厚被绢毛。头状花序于花期直径近 1 厘米，近无梗或有短梗，通常 8～12 个或有时更多复聚成复头状花序；总苞倒锥形，直径 4～5 毫米；总苞片 6～7 层，外层卵形，被绵毛，长 2～4 毫米，宽约 2 毫米，顶端钝，中层长卵形或卵状披针形，略被毛，长约 6 毫米，宽 2～2.2 毫米，顶钝或短尖，最内层狭长圆形或线形，长约 13 毫米，宽 1.3～2 毫米，质薄，无毛，顶端尖；花托圆盘状，无毛，直径约 1 毫米。花先叶开放，白色，全部两性；花冠管状，长约 2 厘米，檐部稍扩大，5 深裂，裂片近等长，卷曲，长

7～8毫米;花药顶端尖,长约10毫米,尾部向下渐尖,长为花药的1/3;花柱分枝内侧略扁、钝,长达1.5毫米。瘦果圆柱形,长约12毫米,基部略狭,具纵棱,密被倒伏的绢毛。冠毛淡红色,不等长,长13～15毫米。花期3—4月。

生长习性

白菊木为阳性树种,常生长于以虾子花、红皮水棉树、火绳树为优势的稀树灌木草丛中。多生于干热河谷。土壤为千枚岩发育的砖红壤,有机质含量3%～5%,pH 6.0～6.5。

保护级别

国家二级重点保护野生植物。

主要价值

观赏:白菊木树形优美,先花后叶,有较高的观赏价值。

科研:作为我国白菊木属仅有的物种,白菊木对菊科物种迁移演化和生物多样性保护方面具有重要的研究价值。

繁育技术

暂无栽培。

84

雪 莲

物种简介

雪莲（*Saussurea involucrata*）是菊科风毛菊属植物。

分布生境

原产于中国的新疆维吾尔自治区,生于山坡、山谷、石缝、水边、草甸,海拔 2 400～3 470 米。俄罗斯及哈萨克斯坦也有分布。

形态特征

多年生草本,高 15～35 厘米。根状茎粗,颈部被多数褐色的叶围绕。茎粗壮,基部直径 2～3 厘米,无毛。叶密集,基生叶和茎生叶无柄,叶片椭圆形或卵状椭圆形,长达 14 厘米,宽 2～3.5 厘米,顶端钝或急尖,基部下延,边缘有尖齿,两面无毛;最上部叶苞叶状,膜质,淡黄色,宽卵形,长 5.5～7 厘米,宽 2～7 厘米,包围总花序,边缘有尖齿。头状花序 10～20 个,在茎顶密集成球形的总花序,无小花梗或有短小花梗。总苞半球形,直径 1 厘米;总苞片 3～4 层,边缘或全部紫褐色,先端急尖,外层被稀疏的长柔毛,外层长圆形,长 1.1 厘米,宽 5 毫米,中层及内层披针形,长 1.5～1.8 厘米,宽 2 毫米。小花紫色,长 1.6 厘米,管部长 7 毫米,檐部长 9 毫米。瘦果长圆形,长 3 毫米。冠毛污白色,2 层,外层小,糙毛状,长 3 毫米,内层长,羽毛状,长 1.5 厘米。花果期 7—9 月。

⚙ 生长习性

雪莲花能在零下几十度的严寒和空气稀薄的缺氧环境中顽强生长,这种独有的生存习性和独特的生长环境使其天然而稀有,造就了它独特的药理作用和药用价值。雪莲从发芽到开花需要历经 5 年,其种子在 0 ℃发芽,3 ℃～5 ℃生长,幼苗能够抵御 −21 ℃的低温,实际的生长期不到 2 个月。生长土壤以高山草甸为主,土壤中含丰富的腐殖质,一般有机质含量为 9.5%～11%,含氮量为 4.5%～10%,并有较好的保水能力,年降水量达 500 毫米,具备高等植物繁殖生长所需的条件。雪莲花在这种高山严酷条件下,生长缓慢,5 年后才能开花结果。

🌿 保护级别

国家二级重点保护野生植物。

✍ 主要价值

药用:雪莲花全株入药,具除寒、壮阳、调经、止血之功效,主治阳痿、腰膝软弱、妇女月经不调、崩漏带下、风湿性关节炎及外伤出血等症。

科研:作为高海拔稀有植物,具有很高的科研价值。

🌱 繁育技术

暂无栽培。

85
兴安杜鹃

物种简介

兴安杜鹃(*Rhododendron dauricum*)为杜鹃花科杜鹃花属植物。

分布生境

产黑龙江省、内蒙古自治区、吉林省。生于山地落叶松林、桦木林下或林缘。日本、朝鲜、俄罗斯等有分布。

形态特征

半常绿灌木,高0.5~2米,分枝多。幼枝细而弯曲,被柔毛和鳞片。叶片近革质,椭圆形或长圆形,长1~5厘米,宽1~1.5厘米,两端钝,有时基部宽楔形,全缘或有细钝齿,上面深绿,散生鳞片,下面淡绿,密被鳞片,鳞片不等大,褐色,覆瓦状或彼此邻接,或相距为其直径的1/2或1.5倍;叶柄长2~6毫米,被微柔毛。花序腋生枝顶或假顶生,1~4花,先叶开放,伞形着生;花芽鳞早落或宿存;花梗长2~8毫米;花萼长不及1毫米,5裂,密被鳞片;花冠宽漏斗状,长1.3~2.3厘米,粉红色或紫红色,外面无鳞片,通常有柔毛;雄蕊10,短于花冠,花药紫红色,花丝下部有柔毛;子房5室,密被鳞片,花柱紫红色,光滑,长于花冠。蒴果长圆形,长1~1.5厘米,径约5毫米,先端5瓣开裂。花期5—6月,果期7月。

生长习性

喜凉爽湿润的气候,忌酷热干燥。喜富含腐殖质、疏松、湿润、微酸性土壤,土壤pH

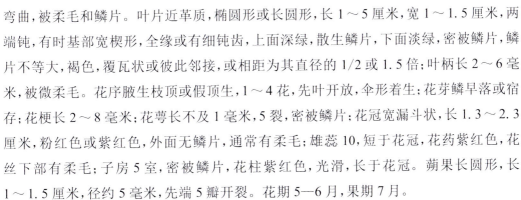

为 7～8 也能生长。适应性较强,耐干旱,耐瘠薄,但不耐曝晒,夏秋应适当遮阴。适宜的生长温度为 15 ℃～20 ℃。

保护级别

国家二级重点保护野生植物。

主要价值

观赏:兴安杜鹃是杜鹃家族中比较耐寒的种类,花色艳丽芬芳,深受人们喜爱。可片植形成美丽景观,是岩石园造园的上等材料。因其萌发力强,耐修剪,根桩奇特,是优良的盆景材料。

药用:叶可入药,具止咳祛痰功效。

繁育技术

一般采用种子播种和扦插方式进行繁育。

播种:春秋两季皆可进行。在盆里装入掺混泥炭土的砂壤土,把种子与细沙混合起来,播入盆中,盖上玻璃片保持 15 ℃～20 ℃,适当喷水保持湿润。2 周后,即可发芽,待长出 3 片真叶以后进行分盆移栽。

扦插:宜在 5—6 月进行。剪取健壮新枝,保留顶叶,截成 10～20 厘米插条,倾斜或垂直插入苗床,保持床面温度和湿度,1 个月左右即可长出新根。

86
朱红大杜鹃

物种简介

朱红大杜鹃（*Rhododendron griersonianum*）杜鹃花科杜鹃花属植物。

分布生境

产云南省。生于海拔 1 680～2 700 米的混交林内或灌丛中。缅甸也有分布

形态特征

常绿灌木，高 1.5～3 米；枝通直，幼时具淡黄褐色刚毛状腺体及淡黄色丛卷毛，花序下的小枝直径约 4 毫米。叶革质，狭长圆形或披针形，长 7.5～14 厘米，宽 2～3.5 厘米，先端急尖或渐尖，基部钝，边缘略反卷，上面暗绿色，幼时有毡毛，下面被有一层白色至淡黄色松软的绒毛，中脉在上面凹下，下面凸出，被绒毛及腺体，侧脉 12～18 对；叶柄长 1～2.5 厘米，常为紫色，具丛卷毛及长的刚毛状腺体。顶生总状伞形花序，开展，有花 5～12 朵；总轴长 1～3 厘米，密被绒毛及刚毛状腺体；花梗长 1.5～3 厘米，密被淡白色绒毛及刚毛状腺体；花萼小，长 2～3 毫米，裂片 5，三角形或卵形，被绒毛及刚毛状腺体；花冠漏斗形，长 5～7 厘米，直径 6～6.5 厘米，亮深红色至朱红色，内面有微柔毛，上方具深红色斑点，外面散生粉状丛卷毛，裂片 5，近于圆形，长 1.6 厘米，宽 2.2 厘米；雄蕊 10，长 2.8～3.5 厘米；花柱长 4.5 厘米，红色，基部具有柄腺体和丛卷毛，柱头小，裂片状。蒴果长圆柱形，长 2.3 厘米，直径 8～9 毫米，有明显的肋纹及残存的黄褐色绒毛，

5～6室。花期5—7月,果期为次年3月。

生长习性

喜凉爽、湿润的气候。喜富含腐殖质、疏松、湿润的微酸性土壤。部分品种的适应性较强,耐干旱,瘠薄,土壤pH为7～8也能生长。但在黏重或通透性差的土壤上,生长不良。对光有一定要求,但不耐曝晒,夏、秋应有落叶乔木或适当遮阴。一般在春秋二季抽梢,以春梢为主。适宜的生长温度为15℃～20℃。杜鹃花耐修剪,一般在5月前进行修剪,所发新梢,当年均能形成花蕾,过晚则影响开花。

保护级别

国家二级重点保护野生植物。

主要价值

观赏:因其花朵美丽、颜色鲜艳,是众多杂交品种的母本,具有较高的园艺价值。

繁育技术

通常采用扦插方式进行繁育。

一般在五六月份进行扦插。选用疏松透气、富含腐殖质的弱酸性土壤作苗床。剪取健壮的半木质化的新枝,长5～8厘米,剪除下部叶片,保留顶叶2片作插穗。插穗基部用生根粉溶液浸蘸处理,扦插在苗床,深度为插穗的1/2处,温度保持在20℃～25℃,遮阴并经常喷雾保湿,1个月左右即可长出新根。

87

圆叶杜鹃

物种简介

圆叶杜鹃（*Rhododendron williamsianum*）是杜鹃花科杜鹃花属植物。

分布生境

产自中国四川省、贵州省、云南省、西藏自治区。生于海拔1 800～2 800米的山坡、岩边的疏林中。

形态特征

灌木，高1～2米；枝条细瘦，直径3～5毫米；当年生幼枝嫩绿色或淡紫色。叶革质，宽卵形或近于圆形，长2.5～5厘米，宽2～4厘米，先端圆形，有细尖头，基部心形或近于圆形，上面深绿色，无毛，下面灰白色，有乳头状突起，中脉及侧脉在两面均隆起，侧脉11～12对，细脉联结成凸起的网状，在下面清晰可见；叶柄长1～1.5厘米，上面平坦，下面圆柱状，有稀疏具柄腺体。总状伞形花序，有花2～6朵；总轴长5～8毫米，疏被腺体；花梗长2～3厘米，粗壮，有长柄腺体；花萼小，盘状，6裂，裂片宽三角形，长1～2毫米，外面及边缘有短柄腺体；花冠宽钟状，长3.5～4厘米，口部直径4～4.5厘米，粉红色，5～6裂，裂片近圆形，长1～1.5厘米，宽2厘米，顶端微缺；雄蕊10～14，长1.8～3厘米，花药卵圆形，深紫红色；雌蕊与花冠近等长；子房卵圆形，长约5毫米，被腺体；花柱长3.5厘米，通体有腺体；柱头膨大成头状。蒴果圆柱形，长1.5～2.5厘米，直径6毫米，有腺体。花期4—5月，果期8—9月。

⚙ 生长习性

喜凉爽、湿润的环境,通常生长在光照充足且通气良好、富含有机物质的酸性土壤中,pH 在 5 左右。不喜欢炎热的气候,也不耐严寒,适宜生长温度为 12 ℃～25 ℃。在夏季气温超过 35 ℃时,新梢和新生叶片生长会减慢,进入一种半休眠状态。

保护级别

国家二级重点保护野生植物。

主要价值

观赏:圆叶杜鹃花大色艳、绮丽多姿、萌发力强、耐修剪、根桩奇特,是优良的盆景材料。宜在林缘、溪边、池畔及岩石旁成丛成片栽植,或于疏林下散植,也是作花篱的良好材料。

药用:叶、花入药,具祛风、活血、调经功效。

🌱 繁育技术

一般采用扦插、嫁接方式进行繁育。

扦插:宜在 5 月下旬至 6 月上旬进行。以当年新生的嫩枝半木质化的枝条,剪取下面多余的叶片只留顶端 2 片嫩叶,一般选用泥炭、荒山土、腐叶土、珍珠岩、河沙等作为基质,插穗用生根粉液处理,扦插深度为插穗的 1/3～1/2 处,温度保持在 20 ℃～25 ℃,遮阴并经常喷雾保湿,1 个月左右即可长出新根。

嫁接:宜在 5 月中旬进行。选用 2 年生的独干毛砧木,接穗的粗细要和新梢相仿,先剪取嫩枝 3～4 厘米作接穗,将基部用利刀削成楔形,采用嫩枝劈接,置荫棚下用塑料薄膜绑扎,并用塑料袋将接穗和砧木一起罩住保湿。嫁接完成 2 个月后,除去塑料袋,翌年春天可松绑。

88

蛛网脉秋海棠

物种简介

蛛网脉秋海棠（*Begonia arachnoidea*）是秋海棠科秋海棠属植物。

分布生境

分布于中国广西壮族自治区西南部大新县。生长在石灰岩山脚下、岩石斜坡上、竹林和灌丛混合林下。

形态特征

草本，雌雄同株，根状茎粗壮，匍匐，粗 1.1～2 厘米，节间长 0.5～1 厘米。叶基生，盾状着生；托叶早落，卵状三角形，长 0.7～0.9 厘米，宽 0.7～1.1 厘米；叶柄长 13～30 厘米；叶片近圆形或宽卵形，长 12～35 厘米，宽 11～27 厘米，纸质，正面深绿色或带褐色，沿主脉有白色或浅色带。花序腋生；花序梗长 9～31 厘米；花白色，6～24 朵，二歧聚伞花序；苞片早落，卵形或长圆形，长 5～7 厘米。雄花：花梗 0.6～3.7 厘米；花被片 4，粉红色，外面 2 个宽卵形，长 1.1～1.9 厘米，宽 1～1.5 厘米，里面 2 个椭圆形，长 6～8 毫米，宽 3.5～5 毫米；雄蕊 26～44；花丝长约 1.5～2 毫米；花药倒卵状长圆形，1.1～1.4 毫米；药隔先端微缺。雌花：花梗 4～6 厘米，具 1 小苞片；花被片 3，粉红色，外面 2 个近圆形或宽卵形，长 0.9～1.5 厘米，宽 0.9～1.4 厘米，里面 1 个椭圆形，长 6～8 毫米，宽 3.5～4 毫米。果实下垂，长 1.3～2.6 厘米，宽 0.5～0.6 厘米。花期 9—10 月，果期 10—12 月。

生长习性

喜半阴环境,宜在室内养护,忌阳光暴晒灼伤叶片。在冬季气温比较低的情况下,要提供充足的光照。

保护级别

国家二级重点保护野生植物。

主要价值

观赏:适合作盆栽室内观赏。

繁育技术

暂无栽培。

89

黑峰秋海棠

物种简介

黑峰秋海棠（*Begonia ferox*）为秋海棠科秋海棠属草本植物。广西特有的极小种群野生植物。

分布生境

分布于广西壮族自治区崇左市龙州县,石灰岩山体海拔 130 米的阔叶林下。

形态特征

根状茎粗壮,匍匐,粗 1～2 厘米,长达 40 厘米,节间长 1～1.5 厘米。托叶最后脱落,卵状三角形,长 1～1.7 厘米,宽 1.1～1.5 厘米,草质。叶互生,叶柄圆柱状,长 10～27 厘米,粗 0.4～0.7 厘米;叶片不对称,卵形,长 11～19 厘米,宽 8～13 厘米,先端渐尖,基部明显斜心形,边缘呈残波状,黄绿色,幼时具长柔毛,正面绿色,表面有泡状隆起,脉间区域密布着黑棕色和具毛的泡状隆起,圆锥形,顶端略带红色,高 0.3～1.3 厘米,宽 0.3～1.5 厘米,背面浅绿色,脉和泡状隆起微红色,脉被绒毛。花序腋生,二歧聚伞花序,直接生于根状茎,分枝 3～4 次;花序梗长 5～13 厘米;苞片和小苞片早落,淡黄色,苞片狭卵形,长 1～1.2 厘米,宽 0.4～0.6 厘米,船形,脉带红色,边缘流苏状,小苞片长圆形,长约 0.3 厘米,宽约 0.1 厘米。雄花花梗长约 1.5 厘米,花被片 4 个,外部 2 个宽卵形,长 0.9～1.1 厘米,宽 0.6～1 厘米,背面淡黄红色,疏生刚毛,内部 2 个椭圆形,白色,长 0.7～1.1 厘米,宽 0.4 厘米;雌花花梗长 1.5～1.6 厘米,花被片 3 片,外部 2 片近圆形或宽卵形,粉白色,长 0.8～1.1 厘米,宽 0.7～1.1 厘米,内部 1 片椭圆形,白色,长 0.8～0.9 厘米,宽 0.3～0.4 厘米。蒴果三棱椭圆形,长 1～1.5 厘米,厚 0.2～0.5 厘米,新鲜时带绿色或带红色;翅不等长,侧翼高 0.3～0.5 厘米,背面翅新月形,高 0.6～0.9 厘米。种子多数,棕色,椭圆形,长约 0.5 毫米,厚 0.3 毫米。花期 5—10 月。

生长习性

喜散射光,适宜湿度 60%～80%,适宜温度 18 ℃～28 ℃,最低温度 15 ℃。

保护级别

国家二级重点保护野生植物。

主要价值

观赏:适宜作室内盆栽观叶观花。

繁育技术

暂无栽培。

90

长白红景天

物种简介

长白红景天（*Rhodiola angusta*）又名库页红景天，是景天科红景天属植物。

分布生境

产吉林省及黑龙江省。生于海拔 1 700～2 600 米的高山草原上或山坡石上。朝鲜及俄罗斯也有。

形态特征

多年生草本。主根常不分枝。根颈直立，细长，直径 5～7 毫米，残留老枝少数，先端被三角形鳞片。花茎直立，长 3.5～10 厘米，稻秆色，密生叶。叶互生，线形，长 1～2 厘米，宽 1～2 毫米，先端稍钝，基部稍狭，全缘或在上部有 1～2 牙齿。伞房状花序，多花或少花，雌雄异株；萼片 4，线形，长 2～4 毫米，稍不等长，宽 0.8 毫米，钝；花瓣 4，黄色，长圆状披针形，长 4～5 毫米，宽 1 毫米，先端钝；雄蕊 8，较花瓣稍短或同长，对瓣的着生基部上 1.8 毫米处；鳞片 4，近四方形，长 0.4～0.5 毫米，宽 0.5～0.6 毫米，先端稍平或有微缺；心皮在雄花中不育，在雌花中心皮披针形，直立，长 6 毫米，先端渐尖，花柱长 1.5 毫米，柱头头状。蓇葖 4，紫红色，直立，长达 8 毫米，先端稍外弯；种子披针形，两端有翅，连翅长 2～3 毫米。花期 7—8 月，果期 8—9 月。

生长习性

喜漫射光和散射光,忌强光直射。耐干旱,怕水涝,忌夏季高温多湿。极耐寒,适合冷凉山区高寒地带生长,零下45 ℃能安全过冬。适宜生长温度为15 ℃～20 ℃,昼夜温差大、冬季积雪厚有利于生长。

保护级别

国家二级重点保护野生植物。

主要价值

观赏:株形优美,春夏叶色青翠,秋叶色泽红艳,花气清香,色泽艳丽,果实红艳似火,具有很高的观赏性。耐贫瘠、抗干旱,生命力极其旺盛,可用作园林地被植物及假山的绿化,也可作切叶切花观赏。

药用:根茎花皆可入药,具有调节神经系统、改善记忆力、镇静、抗缺氧、抗抑郁、抗衰老、保护心血管系统、增强免疫力、降血糖、抗病毒及抗肿瘤等功效。

繁育技术

一般采用种子播种、扦插方式进行繁育。

播种:春、夏、秋3季皆可进行。播种时先用木板刮平苗床土面,用木板每隔7～8厘米压1条宽1厘米、深0.5厘米的沟,干籽直播,均匀地播在沟里,覆土1.5毫米,压实,用喷雾器喷透水,盖上白布,向布上再喷水,保持湿润又透微光,3天即可出苗。揭去白布,稍作遮阴,使床面保持湿润。幼苗期生长缓慢,2个月后可长出真叶。幼苗生长1年后进行移栽,春栽于4月下旬至5月初进行,秋栽于9月中下旬进行。移栽按大小分级栽植,便于管理。

扦插:春秋两季皆可进行。选择健壮成株红景天根茎,将根茎向下剪成3～5厘米长的根段,放于阴凉通风处晾1～2天,使伤口表面愈合。栽时在畦面按行距20～25厘米横畦开沟,沟深10～15厘米,株距10～15厘米,将种栽顶芽向上斜放在沟内,顶芽上面覆土6～10厘米,稍加镇压。秋栽可适量增加覆土厚度。春季出苗前及时去掉过多覆土,出苗前后要保持畦面湿润,幼苗初期光照过强时适当遮阴。

91
大花红景天

物种简介

　　大花红景天（*Rhodiola crenulata*）是景天科红景天属植物。

分布生境

　　产西藏自治区、云南省、四川省，生于海拔2 800～5 600米的山坡草地、灌丛中、石缝中。尼泊尔、印度、不丹也有分布。

形态特征

　　多年生草本。地上的根颈短，残存花枝茎少数，黑色，高5～20厘米。不育枝直立，高5～17厘米，先端密着叶，叶宽倒卵形，长1～3厘米。花茎多，直立或扇状排列，高5～20厘米，稻秆色至红色。叶有短的假柄，椭圆状长圆形至几为圆形，长1.2～3厘米，宽1～2.2厘米，先端钝或有短尖，全缘或波状或有圆齿。花序伞房状，有多花，长2厘米，宽2～3厘米，有苞片；花大形，有长梗，雌雄异株；雄花萼片5，狭三角形至披针形，长2～2.5毫米，钝；花瓣5，红色，倒披针形，长6～7.5毫米，宽1～1.5毫米，有长爪，先端钝；雄蕊10，与花瓣同长，对瓣的着生基部上2.5毫米；鳞片5，近正方形至长方形，长1～1.2毫米，宽0.5～0.8毫米，先端有微缺；心皮5，披针形，长3～3.5毫米，不育；雌花蓇葖5，直立，长8～10毫米，花枝短，干后红色；种子倒卵形，长1.5～2毫米，两端有翅。花期6—7月，果期7—8月。

生长习性

喜海拔高、冷凉的高山环境,适宜石质土壤。

保护级别

国家二级重点保护野生植物。

主要价值

药用:根、茎、花皆可入药。具益气活血、通脉平喘的功效。主治肺结核、肺炎、气管炎、气虚血瘀、胸痹心痛、中风偏瘫等症。且具有抗辐射、抗缺氧、抗氧化、保肝、抗疲劳、保护心脑血管、调节免疫系统等作用,是多种中成药、食品、饮料和化妆品的重要原料,成为新药研究和保健食品开发的热点。目前以红景天药材为原料的药物有红景天口服液、红景天滴丸、缺氧康胶囊和罗布桑胶囊等,是治疗高原缺氧的常用药物。

繁育技术

一般采用扦插、分株方式进行繁育。

92

云南红景天

物种简介

云南红景天（*Rhodiola yunnanensis*）是景天科红景天属植物。

分布生境

产云南省、西藏自治区、贵州省、湖北省、四川省。生于海拔 1 000～4 000 米的森林山坡上。

形态特征

多年生草本；根颈直立；主轴粗，不分枝或少分枝，先端被卵状三角形的鳞片；3 叶轮生，稀对生，卵状披针形、椭圆形、卵状长圆形或宽卵形，长 4～9 厘米，有疏锯齿或近全缘，下面苍白绿色，无柄；花茎单生或少数，无毛；聚伞圆锥花序，长 5～15 厘米；雌雄异株，稀两性花；雄花萼片 4，披针形，长 0.5 毫米，花瓣 4，黄绿色，匙形，长 1.5 毫米，雄蕊 8，较花瓣短，鳞片 4，楔状四方形，心皮 4；雌花萼片、花瓣均 4，绿或紫色，线形，长 1.2 毫米，鳞片 4，近半圆形，长 0.5 毫米，心皮 4，卵形，叉开，长 1.5 毫米，基部合生；蓇葖果星芒状排列，长 3～3.2 毫米，基部 1 毫米合生；种子披针形，长 2 毫米，宽 0.4 毫米，有翅。花期 5—7 月，果期 7—8 月。

生长习性

云南红景天生长缓慢，对生境要求苛刻，导致野生个体数量稀少，零星分布。

保护级别

国家二级重点保护野生植物。

主要价值

观赏：云南红景天是一种具有观赏性的野生植物。

药用：云南红景天全草可入药，有消炎、消肿、接筋骨之效。

繁育技术

暂无栽培。

93

大叶木兰

物种简介

大叶木兰（*Lirianthe henryi*）为木兰科长喙木兰属植物。

分布生境

产于云南省。生于海拔 540～1 500 米的密林中。由于长期滥伐，在其主要分布区仅见残存萌发小树，很少乔木。也分布于缅甸及泰国。

形态特征

常绿乔木，高可达 20 米，嫩枝被平伏毛。叶革质，倒卵状长圆形，长 20～65 厘米，宽 7～22 厘米，先端圆钝或急尖，基部阔楔形，上面无毛，中脉凸起，下面疏被平伏柔毛；侧脉每边 14～20 条，网脉稀疏，干时两面凸起；叶柄长 4～11 厘米，嫩时被平伏毛；托叶痕几达叶柄顶端。花蕾卵圆形，苞片无毛；花梗向下弯垂，长约 8 厘米，有 2 苞片脱落痕，无毛；花被片 9，外轮 3 片绿色，卵状椭圆形，先端钝圆，长 6～6.5 厘米，宽 3～3.5 厘米，中内两轮乳白色，厚肉质，倒卵状匙形，长 5.5～6 厘米，内轮 3 片较狭小；雄蕊长 1.2～1.5 厘米，花药长 1～1.2 厘米，药隔伸出成尖或钝尖头；雌蕊群狭椭圆体形，长 3.5～4 厘米，具 85～95 枚雌蕊，无毛；心皮狭长椭圆体形，长 1.5～2 厘米，宽 2～3 毫米，背面有 4～5 棱，花柱长 4～9 毫米。聚合果卵状椭圆体形，长 10～15 厘米，径 3～5 厘米。花期 5 月，果期 8—9 月。

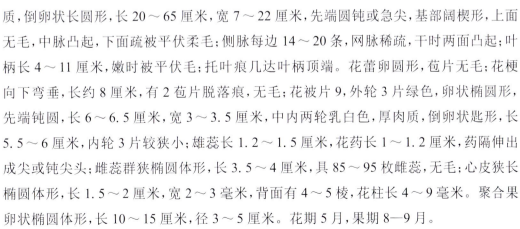

生长习性

喜光，较耐寒，喜在气候凉爽、隐风、土层深厚、肥沃湿润的山岳或坡面上生长，不宜在土层浅薄干燥的迎风坡面上生长。

保护级别

国家二级重点保护野生植物。

主要价值

观赏：叶大而浓密，花大而芳香，可作热带城乡庭园观赏绿化树种。

药用：树皮和花入药，具温中理气的功效，主治消化不良、腹胀、呕吐等症。

科研：大叶木兰是木兰属中最为原始的树种，对于研究木兰科分类系统和古植物区系业有一定的科研价值。

繁育技术

一般采取种子播种方式进行繁育。

育苗地选择地势平坦，水源充足、排灌方便的地方，按长 10～20 米，宽 1.2 米，深 20～30 厘米作苗床，并搭设遮阳棚。由于种子不耐贮藏，宜随采随播。以河沙为基质，先用高锰酸钾或多菌灵液进行消毒。平整床面，将种子均匀地撒播在床面上，覆盖约 1 厘米厚的河沙，用清水浇透。发芽期间注意保持河沙湿润。一般播种后约 40 天子叶开始出土、张开，2 个月后开始有真叶长出，3 个月后小苗具 2～3 片真叶，苗高 5～8 厘米时即可移栽。

94
鹅掌楸

🌼 物种简介

鹅掌楸（*Liriodendron chinense*）是木兰科鹅掌楸属植物。

📍 分布生境

产于陕西省、安徽省、浙江省、江西省、福建省、湖北省、湖南省、广西壮族自治区、四川省、贵州省、云南省、台湾地区。生于海拔 900～1 000 米的山地林中。越南北部也有分布。

❋ 形态特征

乔木，高达 40 米，胸径 1 米以上，小枝灰色或灰褐色。叶马褂状，长 4～18 厘米，近基部每边具 1 侧裂片，先端具 2 浅裂，下面苍白色，叶柄长 4～16 厘米。花杯状，花被片 9，外轮 3 片绿色，萼片状，向外弯垂，内两轮 6 片、直立，花瓣状、倒卵形，长 3～4 厘米，绿色，具黄色纵条纹，花药长 10～16 毫米，花丝长 5～6 毫米，花期时雌蕊群超出花被之上，心皮黄绿色。聚合果长 7～9 厘米，具翅的小坚果长约 6 毫米，顶端钝或钝尖，具种子 1～2 颗。花期 5 月，果期 9—10 月。

⚙ 生长习性

喜光、喜湿、喜凉爽气候，适应性较强，能耐 −20 ℃的低温，也能耐轻度的干旱和高温。喜肥沃疏松、排水良好、pH 4.5～6.5 的土壤。

保护级别

国家二级重点保护野生植物。

主要价值

药用：叶和树皮入药，具有祛风除湿、散寒止咳的功效。

经济：木材淡红褐色、纹理直，结构细、质轻软、易加工、少变形，干燥后少开裂，无虫蛀。是建筑、造船、家具、细木工的优良用材，亦可制胶合板。

繁育技术

一般采用扦插方式进行繁育。

扦插：宜在落叶后至新叶萌发前进行。苗床底部铺垫 15 厘米厚的施足腐熟堆肥的壤土，上盖 20 厘米厚的砂壤土。从健壮母株向阳处剪长约 15 厘米的 1～2 年生枝条作插穗，带 2～3 个芽，上切口平齐，下切口成 45°斜角。深度为插穗的 1/3，覆盖薄膜，遮阴保湿，保持膜内温度 25 ℃～30 ℃，并注意适当通风。生根后要定时通风降温进行炼苗，逐渐延长通风时间直至彻底去掉薄膜。

95
广东含笑

🌸 物种简介

广东含笑（*Michelia guangdongensis*）是木兰科含笑属植物。

📍 分布生境

产中国广东省。生于海拔1 200～1 400米的灌丛、森林。

✳ 形态特征

常绿灌木或小乔木,树皮灰棕色。嫩枝及芽密被红棕色贴伏短柔毛。叶柄密被红棕色长柔毛,无托叶痕。叶片倒卵状椭圆形至倒卵形,革质,背面具红棕色贴伏长柔毛,正面无毛,基部圆形至宽楔形,边缘稍外卷,先端圆形至短锐尖。花蕾密被红棕色贴伏长柔毛。花芳香;花被片9～12,白色,基部略带绿色;外轮花被片卵状椭圆形;中轮花被片椭圆形至倒卵状椭圆形;内轮花被片椭圆形;雄蕊淡绿色,花丝紫红色;雌蕊柄被微柔毛;雌蕊群绿色,圆柱状,被红棕色短柔毛;花柱紫红色,向外弯曲。

⚙ 生长习性

阳性树种,在疏松肥沃、湿润而排水良好的酸性至微酸性(pH 4.5～6.5)土壤中生长良好。喜温暖、湿润气候,耐寒,略耐旱瘠。

🌼 保护级别

国家二级重点保护野生植物。

主要价值

观赏:四季常绿,树形紧凑,花芳香,是优良庭园绿化和盆栽观赏树种。因树体较小,适合在公园、小区的大树下群植或在办公楼、住宅前孤植或群植作庭园观赏树;可矮化栽培作盆栽,供室内观赏,也可用于道路绿化生态景观。

繁育技术

通常采用播种和嫁接方式进行繁育。

播种:选育苗盘播种,用纯净黄土加泥炭土混合作育苗基质,撒播,用细表土或干净河沙覆盖,厚度 0.5～0.8 厘米,以淋水后不露种子为宜。用遮光网遮阴,保持苗床湿润,当苗高达 3～4 厘米、有 2～3 片真叶时即可移栽到营养钵中。

嫁接:芽接宜在 12 月至翌年 2 月进行。可用 2 年生地径约 1.5 厘米的观光木或含笑属的黄兰和火力楠等作砧木;用 0.5～1 年生、生长健壮的枝条接穗,砧木高度10～13 厘米处剪断,用切接法嫁接,用常规嫁接苗木管理办法,成活后换盆种植。

96

石碌含笑

物种简介

石碌含笑（*Michelia shiluensis*）为木兰科含笑属植物。

分布生境

产于海南省。生于海拔 200～1 500 米的山沟、山坡、路旁、水边。

形态特征

乔木，高达 18 米，胸径 30 厘米，树皮灰色。顶芽狭椭圆形，被橙黄色或灰色有光泽的柔毛。小枝、叶、叶柄均无毛。叶革质，稍坚硬，倒卵状长圆形，长 8～20 厘米，宽 4～8 厘米，先端圆钝，具短尖，基部楔形或宽楔形，上面深绿色，下面粉绿色，无毛，侧脉每边 8～12 条，网脉干后两面均凸起；叶柄长 1～3 厘米，具宽沟，无托叶痕。花白色，花被片 9 枚，3 轮，倒卵形，长 3～4.5 厘米，宽 1.5～2.5 厘米；雄蕊长 2～2.5 厘米，花丝红色；雌蕊群长 1.4～2.1 厘米，被微柔毛；心皮卵圆形，长 2.5～4 毫米。聚合果长 4～5 厘米，果梗长 2～3 厘米；蓇葖有时仅数个发育，倒卵圆形或倒卵状椭圆体形，长 8～12 毫米，顶端具短喙。种子宽椭圆形，长约 8 毫米。花期 3—5 月，果期 6—8 月。

生长习性

喜光，稍耐阴，喜温暖、湿润气候，耐干旱瘠薄，对土质要求不严，喜湿润肥沃和排水良好的壤土，适应性强，全日照或半日照均可。

保护级别

国家二级重点保护野生植物。

主要价值

观赏：树干通直，塔形树冠，叶色四季苍绿亮泽，花朵洁白，明媚芳香，花期长。单植、列植或群植均有优美的景观效果。

生态：具有吸附灰尘、吸收有毒气体、抗污染功能。

经济：石碌含笑木材结构细密、不变形、耐腐蚀，是珍贵的建筑、家具用材。

繁育技术

一般采取种子播种、嫁接方式进行繁育。

播种：秋季成熟果采回后放通风凉爽处，开裂后脱出种子，将种子浸水1～2天，使红色假种皮软化，搓脱，即播。先作床撒播，用种量250克／平方米，播后覆土厚1～1.5厘米，盖草遮阴，淋水保温。播后30～40天，即可发芽。

嫁接：嫁接可用紫玉兰作砧木，在春季萌动前进行。

97
八角莲

物种简介

八角莲（*Dysosma versipellis*）是小檗科鬼臼属植物。

分布生境

产于湖南省、湖北省、浙江省、江西省、安徽省、广东省、广西壮族自治区、云南省、贵州省、四川省、河南省、陕西省。

形态特征

多年生草本，植株高40～150厘米。根状茎粗壮，横生，多须根；茎直立，不分枝，无毛，淡绿色。茎生叶2枚，薄纸质，互生，盾状，近圆形，直径达30厘米，4～9掌状浅裂，裂片阔三角形，卵形或卵状长圆形，长2.5～4厘米，基部宽5～7厘米，先端锐尖，不分裂，上面无毛，背面被柔毛，叶脉明显隆起，边缘具细齿；下部叶的柄长12～25厘米，上部叶柄长1～3厘米。花梗纤细、下弯、被柔毛；花深红色，5～8朵簇生于离叶基部不远处，下垂；萼片6，长圆状椭圆形，长0.6～1.8厘米，宽6～8毫米，先端急尖，外面被短柔毛，内面无毛；花瓣6，勺状倒卵形，长约2.5厘米，宽约8毫米，无毛；雄蕊6，长约1.8厘米，花丝短于花药，药隔先端急尖，无毛；子房椭圆形，无毛，花柱短，柱头盾状。浆果椭圆形，长约4厘米，直径约3.5厘米。种子多数。花期3—6月，果期5—9月。

⚙ 生长习性

八角莲喜阴凉湿润的环境，极耐阴，耐寒。怕阳光直射，不耐干旱，喜富含腐殖质、肥沃疏松、排水良好的沙质酸性壤土。

🌾 保护级别

国家二级重点保护野生植物。

◐ 主要价值

观赏：八角莲是耐阴观叶花卉，其叶片为八角星形，十分别致，可用作园林、湿地、人造自然环境中的配景，也可以在观赏温室中与其他植物一起造景。

药用：其根茎可入药，具化痰散结、祛瘀止痛、清热解毒等功效。主治小儿支气管炎、毒蛇咬伤、跌打损伤、咳嗽、咽喉肿痛、痈肿、疔疮等症。

🌱 繁育技术

通常采用种子播种和分株方式进行繁育。

98

六角莲

🌸 物种简介

六角莲（*Dysosma pleiantha*）是小檗科鬼臼属植物。

📍 分布生境

产于台湾地区、浙江省、福建省、安徽省、江西省、湖北省、湖南省、广东省、广西壮族自治区、四川省、河南省。生于海拔 400～1 600 米的林下、山谷溪旁或阴湿溪谷草丛中。

✳ 形态特征

多年生草本，植株高 20～60 厘米，有时可达 80 厘米。根状茎粗壮，横走，呈圆形结节，多须根；茎直立，单生，顶端生二叶，无毛。叶近纸质，对生，盾状，轮廓近圆形，直径 16～33 厘米，5～9 浅裂，裂片宽三角状卵形，先端急尖，上面暗绿色，常有光泽，背面淡黄绿色，两面无毛，边缘具细刺齿；叶柄长 10～28 厘米，具纵条棱，无毛。花梗长 2～4 厘米，常下弯，无毛；花紫红色，下垂；萼片 6，椭圆状长圆形或卵状长圆形，长 1～2 厘米，宽约 8 毫米，早落；花瓣 6～9，紫红色，倒卵状长圆形，长 3～4 厘米，宽 1～1.3 厘米；雄蕊 6，长约 2.3 厘米，常镰状弯曲，花丝扁平，长 7～8 毫米，花药长约 15 毫米，药隔先端延伸；子房长圆形，长约 13 毫米，花柱长约 3 毫米，柱头头状，胚珠多数。浆果倒卵状长圆形或椭圆形，长约 3 厘米，直径约 2 厘米，熟时紫黑色。花期 3—6 月，果期 7—9 月。

生长习性

属半阴生植物,喜凉爽润湿、相对湿度大的环境,怕强光照射和干旱。适宜在疏松、肥沃的壤土中生长。生长适温 16 ℃～28 ℃。

保护级别

国家二级重点保护野生植物。

主要价值

观赏:其叶形美观,特别适合公园的林下荫蔽处栽培,也可盆栽观赏。

药用:根茎入药,具有清热解毒、化痰散结、祛瘀消肿的功效;主治痈肿疔疮、咽喉肿痛、跌打损伤、毒蛇咬伤等症。

繁育技术

一般采用种子播种方式进行繁育。

99
桃儿七

物种简介

桃儿七（*Sinopodophyllum hexandrum*）是小檗科桃儿七属植物。

分布生境

产于云南省、四川省、西藏自治区、甘肃省、青海省和陕西省。

形态特征

多年生草本，植株高20～50厘米。根状茎粗短，节状，多须根；茎直立，单生，具纵棱，无毛，基部

被褐色大鳞片。叶2枚，薄纸质，非盾状，基部心形，3～5深裂几达中部，裂片不裂或有时2～3小裂，裂片先端急尖或渐尖，上面无毛，背面被柔毛，边缘具粗锯齿；叶柄长10～25厘米，具纵棱，无毛。花大，单生，先叶开放，两性，整齐，粉红色；萼片6，早萎；花瓣6，倒卵形或倒卵状长圆形，长2.5～3.5厘米，宽1.5～1.8厘米，先端略呈波状；雄蕊6，长约1.5厘米，花丝较花药稍短，花药线形，纵裂，先端圆钝，药隔不延伸；雌蕊1，长约1.2厘米，子房椭圆形，1室，侧膜胎座，含多数胚珠，花柱短，柱头头状。浆果卵圆形，长4～7厘米，直径2.5～4厘米，熟时橘红色；种子卵状三角形，红褐色，无肉质假种皮。花期5—6月，果期7—9月。

生长习性

生于海拔2 200～4 300米的林下、林缘湿地、灌丛中或草丛中。喜阴凉，较耐寒，耐瘠薄。

保护级别

国家二级重点保护野生植物。

主要价值

观赏：桃儿七先花后叶，花露出地面时柱头已开始授粉，每株桃儿七只有1朵花，花叶奇特，色彩娇嫩，具有观赏价值。

药用：桃儿七根茎、须根、果实均可入药，根茎能除风湿、利气血、通筋、止咳；果能生津益胃、健脾理气、止咳化痰；对麻木、月经不调等症均有疗效。

繁育技术

一般采用种子播种方式进行繁育。

100
虎颜花

物种简介

虎颜花（*Tigridiopalma magnifica*）是野牡丹科虎颜花属植物。

分布生境

分布于中国广东省。生于海拔约480米的山谷密林下阴湿处、溪旁、河边或岩石上积土。

形态特征

多年生草本，茎极短，被红色粗硬毛，具粗短的根状茎，长约6厘米，略木质化。叶基生，叶片膜质，心形，顶端近圆形，基部心形，边缘具不整齐的啮蚀状细齿，具缘毛，基出脉9，叶面无毛，基出脉平整，侧脉及细脉微隆起，背面密被糠秕，脉均隆起，明显，被红色长柔毛及微柔毛；叶柄圆柱形，肉质，长10～17厘米或更长，被红色粗硬毛，具槽。蝎尾状聚伞花序腋生，具长总梗（即花葶），长24～30厘米，无毛，钝四棱形；苞片极小，早落；花梗具棱，棱上具狭翅，多少被糠秕，长8～10毫米，有时具节；花萼漏斗状杯形，无毛，具5棱，棱上具皱波状狭翅，顶端平截，萼片极短，三角状半圆形，顶端点尖，着生于翅顶端；花瓣暗红色，倒卵形，1侧偏斜，几成菱形，顶端平，斜，具小尖头，长约10毫米，宽约6毫米；雄蕊长者长约18毫米，花药长约11毫米，药隔下延成长约1毫米的短柄，柄基部前方具2小瘤，后方微具三角形短距，短者长12～14毫米，花药长7～8毫米，基部具2小疣，药隔下延成短距；子房卵形，顶端具膜质冠，5裂，裂片边缘具缘毛。蒴果漏斗状杯形,顶端平截,孔裂,膜质冠木栓化,5裂,边缘具不规则的细齿,伸出宿存萼外;宿存萼杯形,具5棱,棱上具狭翅,长约1厘米,膜质冠伸出约2毫米,果梗5棱形,具狭翅,长约2厘米,均无毛。花期约11月,果期3—5月。

生长习性

虎颜花喜高温、湿润的半阴环境,耐寒性较强,不耐干旱,忌阳光直射。喜疏松、排水良好的微酸性壤土。生长适温16℃～28℃。

保护级别

国家二级重点保护野生植物。

主要价值

观赏:虎颜花叶片硕大,叶形美观,花蕾小巧玲珑、鲜艳水灵,花和叶互相衬托、相映成趣,观赏价值较高。

繁育技术

一般采用播种和扦插方式进行繁育。

播种:虎颜花的种子非常细小,宜即采即播。播种基质宜采用腐叶土、泥炭土、细沙按1：2：1比例混合均匀。播后用细沙薄覆一层,在18℃～25℃的温度下,30天左右可发芽。

扦插:宜在春季进行。取母株健壮的匍匐茎,分切成段,每段至少带有2～3片叶,待切口晾干后,在剪切伤口处涂上草木灰或木炭粉,以防止伤口腐烂,提高成活率,然后进行扦插栽植。

101
惠州虎颜花

物种简介

惠州虎颜花（*Tigridiopalma exalata*）是野牡丹科虎颜花属植物。

分布生境

分布于中国广东省惠州龙门区域。

形态特征

多年生草本。根状茎常木质。茎直立、短，疏生长 1～1.5 毫米的短柔毛。叶基生，幼时具软毛；叶柄圆柱状，长 4.4～18.4 厘米，肉质，疏生短柔毛，老时具槽；叶片膜质，狭心形到卵形长 20.8～51.8 厘米，宽 13.6～44.9 厘米，

边缘具缘毛和不规则小齿，正面无毛，背面密被软鳞片，紫红色，脉上被微柔毛，次级脉 2～3 对，三级脉平行。花序腋生，2～5 个蝎尾状花序组成多歧聚伞花序；花序梗长 9.4～32.7 厘米；苞片长 0.8～8.7 厘米，宽 0.5～4.3 厘米，宿存。花梗长 0.9～1.9 毫米，具棱，宽 0.2～0.5 毫米，有时具鳞片。萼筒漏斗状至杯状，5 棱，先端截形，龙骨状突起宽 0.2～0.5 毫米。萼裂片 5，三角形至半圆形，长 0.3～0.5 毫米。花瓣长 5，1.1～1.6 厘米，宽 0.8～0.9 厘米，正面暗红色，背面有白线，宽倒卵形，几乎菱形，先端截形，倾斜，具细尖。雄蕊 10，不等长；子房卵球形，5 室，先端具膜质冠，5 浅裂，边缘具不规则具小齿；花柱长 0.9～1.2 厘米，品红色，圆柱状，稍弯曲。蒴果从先端开裂成 5 裂片，裂片长 2～3 毫米，边缘具不规则小齿。萼筒部分覆盖蒴果，漏斗状，5 棱。种

子多数,棕色,楔形。

⚙ 生长习性

对环境有极高的要求,只生长在溪流岩石缝隙中,目前仅在广东惠州龙门县区域能见到它的身影。

保护级别

国家二级重点保护野生植物。

⊘ 主要价值

观赏:花蕾小巧玲珑、鲜艳水灵,叶形美观,花和叶互相衬托,相映成趣,有较高的观赏价值。

✌ 繁育技术

暂无栽培。

102

七子花

物种简介

七子花（*Heptacodium miconioides*）是忍冬科七子花属落叶小乔木，中国特有植物。

分布生境

产湖北省、浙江省及安徽省。生于海拔 600～1 000 米的悬崖峭壁、山坡灌丛和林下。

形态特征

株高可达 7 米；幼枝略呈 4 棱形，红褐色，疏被短柔毛；茎干树皮灰白色，片状剥落。叶厚纸质，卵形或矩圆状卵形，长 8～15 厘米，宽 4～8.5 厘米，顶端长尾尖，基部钝圆或略呈心形，下面脉上有稀疏柔毛，具长 1～2 厘米的柄。圆锥花序近塔形，长 8～15 厘米，宽 5～9厘米，具 2～3 节；花序分枝开展，上部的长约 1.5 厘米，下部的长 2.5～4 厘米；小花序头状，各对小苞片形状、大小不等，最外一对有缺刻；花芳香；萼裂片长 2～2.5 毫米，与萼筒等长，密被刺刚毛；花冠长 1～1.5 厘米，外面密生倒向短柔毛。果实长 1～1.5厘米，直径约 3 毫米，具 10 枚条棱，疏被刺刚毛状绢毛，宿存萼有明显的主脉；种子长5～6 毫米。花期 6—7 月，果熟期 9—11 月。

生长习性

喜生于山谷、溪边的阴湿环境中，多分布于山沟或毛竹林边缘。伴生植物主要有小构树、金钟花、青荚叶、下江忍冬等；上层乔木有大叶稠李、长柱紫茎与木荷等。七子花

适应性强,耐旱耐瘠薄,适合在多种类型土壤中种植。

保护级别

国家二级重点保护野生植物。

主要价值

观赏:七子花树身洁白光滑;叶密而有序;花形奇特,花色红白相间,繁花集于一长序,远望酷似群蜂采蜜,蔚为奇观。可作为优良的园林绿化观赏树种,具有较高的观赏价值。

科研:七子花是单种属植物,为中国特有,对研究忍冬科系统发育有一定的价值。

繁育技术

一般采用扦插方式进行繁育。

采一年生小枝作插穗,进行扦插育苗,成活率可达90%,发根快,次年春季即可移植。

103
匙叶甘松

物种简介

匙叶甘松(*Nardostachys jatamansi*),又名甘松,是忍冬科甘松属多年生草本植物。为著名的香料植物。

分布生境

产四川省、云南省、西藏自治区。生于高山灌丛、草地,海拔 2 600~5 000 米。印度、尼泊尔、不丹、锡金也有分布。

形态特征

多年生草本,高 5~50 厘米;根状茎木质、粗短,直立或斜升,下面有粗长主根,密被叶鞘纤维,有烈香。叶丛生,长匙形或线状倒披针形,长 3~25 厘米,宽 0.5~2.5 厘米,主脉平行三出,无毛或微被毛,全缘,顶端钝渐尖,基部渐窄而为叶柄,叶柄与叶片近等长;花茎旁出,茎生叶 1~2 对,下部的椭圆形至倒卵形,基部下延成叶柄,上部的倒披针形至披针形,有时具疏齿,无柄。花序为聚伞性头状,顶生,直径 1.5~2 厘米,花后主轴及侧轴常不明显伸长;花序基部有 4~6 片披针形总苞,每花基部有窄卵形至卵形苞片 1,与花近等长,小苞片 2,较小。花萼 5 齿裂,果时常增大。花冠紫红色、钟形,基部略偏突,长 4.5~9 毫米,裂片 5,宽卵形至长圆形,长 2~3.8 毫米,花冠筒外面多少被毛,里面有白毛;雄蕊 4,与花冠裂片近等长,花丝具毛;子房下位,花柱与雄蕊近等长,柱头头状。瘦果倒卵形,长约 4 毫米,被毛;宿萼不等 5 裂,裂片三角形至卵形,长

1.5～2.5毫米,顶端渐尖,稀为突尖,具明显的网脉,被毛。花期6—8月。

生长习性

匙叶甘松喜冷凉、湿润的气候,喜含腐殖质丰富、中性或微碱性的沙质土壤。

保护级别

国家二级重点保护野生植物。

主要价值

药用:甘松属植物均以根茎入药,具祛风理气、镇静安神等功效,用于治疗脾胃气滞、脘腹胀痛、霍乱转筋、牙痛、痰眩、癔症癫痫、心悸怔忡、脚气等多种病症。

繁育技术

匙叶甘松一般采用播种或分株方式进行繁育。

104
雪白睡莲

物种简介

雪白睡莲（*Nymphaea candida*）是睡莲科睡莲属植物。

分布生境

产中国新疆维吾尔自治区，华南地区常见栽培。西伯利亚、中亚、欧洲有分布。

形态特征

多年生水生草本；根茎直立或斜升；叶近圆形或卵圆形，长 15～30 厘米，宽 10～18 厘米，基部裂片相接或重叠；花白色，径 10～12 厘米；花梗与叶柄近等长；萼片卵状长圆形，长 3.5～4 厘米，宽 1.4～1.6 厘米，脱落或花后枯萎；花瓣 12～20，白色，卵状长圆形，外轮与萼片等长或稍短，向内渐短；花托稍四角形；雄蕊多数，内轮花丝披针形，宽于花药；柱头辐射状裂片 6～14，深凹；浆果扁平或半球形；种子长 3～4 毫米。花期 6 月，果期 8 月。

生长习性

喜阳光，在晚上会闭合，到早上又会张开。在岸边有树荫的池塘，虽能开花，但生长较弱。对土质要求不严，喜富含有机质的壤土，pH 6～8，适宜水深 25～30 厘米，最深不得超过 80 厘米。

保护级别

国家二级重点保护野生植物。

主要价值

观赏：用于园林水景和园林小品，花朵洁白纯净，叶片碧绿清爽，观赏价值极高。

食用：根茎富含多种氨基酸、丰富的维生素 C、蛋白质等营养成分，可作美食。

繁育技术

一般采取分株和播种方式进行繁育。

分株：通常在早春发芽前 3—4 月进行。将根茎挖出，选有饱满新芽的根茎，切成 8～10 厘米长的根段，每根段至少带 1 个芽，顶芽朝上埋入表土中，覆土深度以植株芽眼与土面平为宜，每盆栽 5～7 段。栽好后，放置在通风良好、阳光充足处养护，栽培水深 20～40 厘米，待气温升高，新芽萌动时再加深水位。夏季水位可以适当加深，高温季节要注意保持盆水的清洁。

播种：通常在 3—4 月进行。盆土用肥沃的黏质壤土，不宜过满，宜离盆口 5～6 厘米，播入种子后覆土 1 厘米，压紧浸入水中，水面高出盆土 3～4 厘米，盆土上加盖玻璃，放在向阳温暖处，以提高盆内温度。播种温度在 25 ℃～30 ℃为宜，半个月左右即可发芽，第二年即可开花。

105
夏蜡梅

物种简介

夏蜡梅（*Calycanthus chinensis*）是蜡梅科夏蜡梅属的灌木植物。

分布生境

产于浙江省昌化及天台等地。生于海拔 600～1 000 米山地沟边林荫下。

形态特征

高 1～3 米；树皮灰白色或灰褐色，皮孔凸起；小枝对生，无毛或幼时被疏微毛；芽藏于叶柄基部之内。叶宽卵状椭圆形、卵圆形或倒卵形，长 11～26 厘米，宽 8～16 厘米，基部两侧略不对称，叶缘全缘或有不规则的细齿，叶面有光泽，略粗糙，无毛，叶背幼时沿脉上被褐色硬毛，老渐无毛；叶柄长 1.2～1.8 厘米，被黄色硬毛，后变无毛。花无香气，直径 4.5～7 厘米；花梗长 2～2.5 厘米，有时达 4.5 厘米，着生有苞片 5～7 个，苞片早落，落后有疤痕；花被片螺旋状着生于杯状或坛状的花托上，外面的花被片 12～14，倒卵形或倒卵状匙形，长 1.4～3.6 厘米，宽 1.2～2.6 厘米，白色，边缘淡紫红色，有脉纹，内面的花被片 9～12，向上直立，顶端内弯，椭圆形，长 1.1～1.7 厘米，宽 9～13 毫米，中部以上淡黄色，中部以下白色，内面基部有淡紫红色斑纹；雄蕊 18～19，长约 8 毫米；花柱丝状伸长。瘦果长圆形，长 1～1.6 厘米，直径 5～8 毫米，被绢毛。花期 5 月中、下旬，果期 10 月上旬。

生长习性

喜温暖、湿润环境,怕烈日暴晒,在充足柔和的阳光下生长良好,喜较阴湿、疏松肥沃、具腐殖质、排水良好的土壤。

保护级别

国家二级重点保护野生植物。

主要价值

观赏:夏蜡梅枝繁叶茂,花形奇特,色彩淡雅,极为雅致,是不可多得的适宜在园林绿地中应用的夏季观花灌木。可孤植、丛植或配植。宜在半阴处及有散射光的林下和建筑物背光处栽植,也可盆栽观赏,布置阳台、庭院等。

药用:夏蜡梅花蕾入药,有解暑、清热、理气、止咳等功效。叶含有挥发性的芳香油,可入药,用于防治感冒和流行性感冒。花和根有健胃止痛的作用。

科研:夏蜡梅是中国特有的子遗树种属,为研究东亚与北美植物区系间的渊源关系提供了活资料。

繁育技术

通常采用播种、分株、压条方式进行繁育。

播种:一般于10—11月进行。播种前,种子用温水浸种,催芽24小时,可提高发芽率。选用排水良好的湿润土壤作苗床,撒播。幼苗期需遮阴,冬季注意覆盖防冻。成苗后的植株适宜在没有强光照射和比较干燥的环境里生长。

分株:一般于秋季落叶后至春季萌发前进行。夏蜡梅根蘖萌发力强,用利刀或锯条将母株切分成若干小株,每株须有主根1～2条,进行栽种,2～3年后便能开花。

压条:一般在2—3月进行。选生长茁壮,1～2年生枝条,在入土的部位用刀刻伤,在刻伤部位撒少许ATP生根粉或抹上0.5%的萘乙酸,然后埋在以砻糠灰作介质的土中,保持土壤湿润,2个月左右便可生根移栽,当年可开花。

106
沙冬青

🌿 物种简介

沙冬青（*Ammopiptanthus mongolicus*）是豆科沙冬青属植物。

📍 分布生境

产内蒙古自治区、宁夏省、甘肃省。生于沙丘、河滩边台地，为良好的固沙植物。蒙古也有分布。

✳ 形态特征

常绿灌木；高 1.5～2 米，多叉状分枝；枝皮黄绿色，幼时被灰白色短柔毛；3 小叶，稀单叶，叶柄长

0.5～1.5 厘米，密被灰白色短柔毛；托叶小，三角形或三角状披针形，与叶柄连合并抱茎，被银白色绒毛；小叶或叶菱状椭圆形或宽披针形，长 2～3.5 厘米，先端急尖或钝，微凹，基部楔形或宽楔形，两面密被银白色绒毛，全缘，羽状脉，侧脉不明显；总状花序顶生，有 8～12 朵密集的花；苞片卵形，密被短柔毛，脱落；花梗长约 1 厘米，近无毛，中部有 2 枚小苞片；萼钟形，薄革质，长 5～7 毫米，萼齿 5，阔三角形，上方 2 齿合生为一较大的齿；花冠黄色，花瓣均具长瓣柄，旗瓣倒卵形，长约 2 厘米，翼瓣比龙骨瓣短，长圆形，长 1.7 厘米，其中瓣柄长 5 毫米，龙骨瓣分离，基部有长 2 毫米的耳；子房具柄，线形，无毛。荚果扁平，线形，长 5～8 厘米，无毛，有 2～5 粒种子；果柄长 0.8～1 厘米；种子圆肾形。4—5 月开花，5—6 月结果。

生长习性

沙冬青能在恶劣的自然环境中生长,具有较厚的角质层、密实的表皮毛,气孔下陷,抗旱性、抗热性强,耐寒、耐盐、耐贫瘠,保水性强,在极度缺水的状况下仍能正常生长。常与柠条、霸王、沙蒿组成共建的群系,群系多呈小片状分布。

保护级别

国家二级重点保护野生植物。

主要价值

生态:沙冬青能够抗风沙,生长季节茂密、碧绿。由于沙冬青是北方唯一的常绿灌木,是良好的蜜源植物,更是人烟稀少的荒漠和难以管护的荒山秃岭营造水土保持林的优良树种。沙冬青还可作为铁路、公路建设通过荒漠、半荒漠、荒漠草原地带的

护路树种和隔离带树种。同时,沙冬青也可作为城市绿化树种或绿篱,四季常青,便于修剪。

药用:沙冬青枝叶入药,具祛风、活血、止痛功效,主治肺病、咳嗽、咳痰、腹痛等症;外用主治冻疮、慢性风湿性关节炎等症。

经济:沙冬青叶和嫩枝含有多种生物碱,性温有毒,可作为杀虫剂。种子富含油脂,其脂肪酸组成中亚油酸含量高达 87.6%,在食品、化工、医疗保健方面有很大的开发应用潜力。

繁育技术

一般采用播种方式进行繁育。

春秋两季皆可进行。选择粒大饱满的种子,先经过催芽处理,用 50 ℃～60 ℃的温水浸泡 24 小时为宜。条播每米播种沟以 30～40 粒种子为宜;穴播造林时,每穴以 6～10 粒种子为宜;覆土厚度 2 厘米。播种后用草、锯末等进行覆盖,以利于土壤湿润、减少蒸发。人工造林要放大株行距,依据天然沙冬青"单株成丛、小片状分布"的生物学特性,以满足沙冬青成龄后对水分、养分、光照条件的需求。

107

甘 草

物种简介

甘草（*Glycyrrhiza uralensis*）是豆科甘草属植物。

分布生境

产东北、华北、西北各省区及山东省。常生于干旱沙地、河岸砂质地、山坡草地及盐渍化土壤中。蒙古及俄罗斯西伯利亚地区也有分布。

形态特征

多年生草本；根与根状茎粗，直径 1～3 厘米，外皮褐色，里面淡黄色，具甜味。茎直立，多分枝，高 30～120 厘米，密被鳞片状腺点、刺毛状腺体及白色或褐色的绒毛，叶长 5～20 厘米；托叶三角状披针形，长约 5 毫米，宽约 2 毫米，两面密被白色短柔毛；叶柄密被褐色腺点和短柔毛；小叶 5～17 枚，卵形、长卵形或近圆形，长 1.5～5 厘米，宽 0.8～3 厘米，上面暗绿色，下面绿色，两面均密被黄褐色腺点及短柔毛，顶端钝，具短尖，基部圆，边缘全缘或微呈波状，多少反卷。总状花序腋生，具多数花，总花梗短于叶，密生褐色的鳞片状腺点和短柔毛；苞片长圆状披针形，长 3～4 毫米，褐色，膜质，外面被黄色腺点和短柔毛；花萼钟状，长 7～14 毫米，密被黄色腺点及短柔毛，基部偏斜并膨大呈囊状，萼齿 5，与萼筒近等长，上部 2 齿大部分连合；花冠紫色、白色或黄色，长 10～24 毫米，旗瓣长圆形，顶端微凹，基部具短瓣柄，翼瓣短于旗瓣，龙骨瓣短于翼瓣；子房密被刺毛状腺体。荚果弯曲呈镰刀状或呈环

状,密集成球,密生瘤状突起和刺毛状腺体。种子3～11,暗绿色,圆形或肾形,长约3毫米。花期6—8月,果期7—10月。

生长习性

甘草喜光,充足的光照条件是甘草正常生长的重要保障。对温度的适应性强,抗旱、怕积水,适宜生长在土层深厚、排水良好、地下水位较低的砂质土壤,在干旱的荒漠地区也能形成单独的种群。

保护级别

国家二级重点保护野生植物。

主要价值

药用:甘草根茎入药,对治疗慢性支气管炎、喘息性支气管炎均有一定的疗效。

繁育技术

通常采取种子播种方式进行繁育。

108

肥荚红豆

物种简介

肥荚红豆（*Ormosia fordiana*）是豆科红豆属植物。

分布生境

产广东省、海南省、广西壮族自治区、云南省。生于山谷、山坡路旁、溪边杂木林中，散生，海拔100～1 400米。越南、缅甸、泰国、孟加拉国也有分布。

形态特征

乔木，高达17米，胸径可达20厘米；树皮深灰色，浅裂。奇数羽状复叶，长19～40厘米；叶柄长3.5～7厘米，叶轴长5.5～15.5厘米，叶轴在最上部一对小叶处延长3～15毫米生顶小叶；小叶2～6对，薄革质，倒卵状披针形或倒卵状椭圆形，稀椭圆形，顶生小叶较大，长6～20厘米，宽1.5～7厘米，先端急尖或尾尖，基部楔形或略圆，上面中脉凹陷，下面隆起，侧脉约11对，与主脉成40°角，侧脉和细脉两面均不明显，上面无毛，下面被锈褐色平贴疏毛或无毛；小叶柄长6～8毫米，上面有沟槽及锈色柔毛，后脱落。圆锥花序生于新枝梢，长15～26厘米；总花梗及花梗密被锈色毛。花梗6～12毫米；小苞片2枚，生于花梗顶端，披针形，长3～5毫米，密被锈褐色毛；花大，长2～2.5毫米；花萼长1.5～2厘米，淡褐绿色，萼齿5，深裂，长椭圆状披针形，微钝头，上部2齿联合至萼的中部以上的2/3处，密被锈色短毛，萼筒短；花冠淡紫红色，长约1.5厘米，旗瓣圆形，兜状，上部边缘强度内折，近基部中央有一黄色点,柄短厚,扁平;雄蕊 10,不等长,花丝基部粗扁;子房扁,密被锈褐色绢毛,常具 4 粒胚珠,花柱在顶端内卷,约与雄蕊等长。荚果半圆形或长圆形,长 5～12 厘米,宽 5～6.8 厘米;具宿存花萼,有种子 1～4 粒;种子大,长椭圆形,两端钝圆,长 2.5～3.3 厘米,径 1.7～2.7 厘米,种皮鲜红色,薄肉质,干后脆,种脐近圆形,径 3～4 毫米,平坦,位于长短轴之间。花期 6—7 月,果期 11 月。

生长习性

肥荚红豆喜光,喜温湿气候环境。

保护级别

国家二级重点保护野生植物。

主要价值

药用:茎皮、根、叶可入药,具有清热解毒、消肿止痛之功效。常用于急性热病、急性肝炎、风火牙痛、跌打肿痛、痈疮肿毒、烧伤、烫伤。

经济:可作木材,木材纹理略通直,作为建筑和家具用材料。

繁育技术

一般采取种子播种方式进行繁育。

种子播种前用湿沙催芽 1～2 个月,萌动即沙床点播,用小木板轻压,将种子压入沙中,覆土 1 厘米,盖稻草,每天早晚淋水保湿,约 20 天开始出土,种子发芽 1/2 后,揭开稻草,适当遮阴,适时移栽。

109

合柱金莲木

物种简介

合柱金莲木(*Sauvagesia rhodoleuca*)是金莲木科
蒴莲木属植物。

分布生境

产广西壮族自治区和广东省。生于海拔 1 000
米山谷水旁密林中。

形态特征

直立小灌木,高约 1 米。茎暗紫色,光滑。叶狭
披针形或狭椭圆形,长 7～15 厘米,宽 1.5～3 厘米,
两端渐尖,边缘有密而不相等的腺状锯齿,两面光亮无毛。叶柄长 3～5 毫米,腹面有
槽。圆锥花序较狭,长 6～10 厘米,花少数,具细长柄;萼片卵形或披针形,长 3～4 毫
米,浅绿色;花瓣椭圆形,长 4.5～6.5 毫米,白色,微内拱;退化雄蕊宿存,白色,外轮的
腺体状,基部连合成短管,中轮和内轮的长圆形,中轮的较大,顶端截平而有数小齿,内
轮的略小,顶端微尖而具 3 齿裂;雄蕊长 2.5～3.5 毫米,花丝短,花药箭头形,2 室;子
房卵形,长约 2 毫米,花柱圆柱形,柱头小,不明显。蒴果卵球形,长和宽约 5 毫米,熟时
3 瓣裂;种子椭圆形,长约 1.7 毫米,种皮暗红色,有多数小圆凹点。花期 4—5 月,果期
6—7 月。

生长习性

合柱金莲木喜阴,不耐强光和干旱。喜砂壤土,生于土壤湿润,郁闭良好的常绿阔

叶林中,尤以山谷涧边水分经常充足的沙土最为适宜。

保护级别

国家二级重点保护野生植物。

主要价值

科研:合柱金莲木是中国特有植物稀有种,对于进一步研究金莲木科植物的区系、地理分布及其发生与发展等具有重要意义。

繁育技术

暂无栽培。

110
毛紫薇

物种简介

毛紫薇（*Lagerstroemia villosa*）是千屈菜科紫薇属植物。

分布生境

中国仅见于云南省勐海；生于海拔 700～1 000 米的杂木林中。亦分布于越南、缅甸及泰国。

形态特征

乔木，高 10～15 米，胸径达 30～48 厘米。叶对生或近对生，矩圆形或椭圆状披针形，长 6～10 厘米，宽 2.5～4 厘米，顶端渐尖或短渐尖，基部阔楔形至近圆形，侧脉 6 对，在两面均凸起，网脉在下面稍明显；叶柄长 2～4 毫米。花期秋冬季，花小密集，组成球状或塔状圆锥花序，花序顶生，长和宽均约 3 厘米；花 5～6 基数；花萼倒圆锥形，长约 5 毫米，有 5～6 条翅状的棱，波状，上部 5～6 裂，裂片三角形，常反曲，内面无毛。花瓣缺或披针形，长 2 毫米；雄蕊 25～26，通常 5～6 枚较长。蒴果椭圆形，长 9～16 厘米，直径 6～10 厘米，果皮无棱而稍有皱纹，灰黑色；种子连翅长 9～10 毫米。花期秋冬季。

生长习性

喜温暖湿润，喜阳光而稍耐阴，且有一定的抗寒和耐旱能力。喜生于石灰性土壤和肥沃的沙壤中，在黏性土壤中生长速度缓慢。萌蘖性强，寿命长。

保护级别

国家二级重点保护野生植物。

主要价值

观赏：花色淡雅，枝条柔软，易造型，易繁殖，是盆景、桩景的优良材料，抗污染力强，适用于城市和工业区的绿化美化。

繁育技术

一般采用扦插方式进行繁育。

以生根粉液处理插穗，扦插成活率会明显提高。

111

金 豆

物种简介

金豆(*Citrus japonica*),又名金柑,是芸香科金橘属植物。

分布生境

产福建省、江西省、湖南省等地,见于北纬25°50′至北纬27°50′地区。

形态特征

树高3米以内;枝有刺;叶质厚,浓绿,卵状披针形或长椭圆形,长5~11厘米,宽2~4厘米,顶端略尖或钝,基部宽楔形或近于圆;叶柄长达1.2厘米,翼叶甚窄。单花或2~3花簇生;花梗长3~5毫米;花萼4~5裂;花瓣5片,长6~8毫米;雄蕊20~25枚;子房椭圆形,花柱细长,通常为子房长的1.5倍,柱头稍增大。果椭圆形或卵状椭圆形,长2~3.5厘米,橙黄至橙红色,果皮味甜,厚约2毫米,油胞常稍凸起,瓢囊4~5瓣,果肉味酸,有种子2~5粒;种子卵形,端尖,子叶及胚均绿色,单胚或偶有多胚。花期3—5月,果期10—12月。盆栽的多次开花,保留其7—8月的花期,至春节前夕果成熟。

生长习性

喜光,亦稍耐阴,喜温暖湿润气候,喜疏松肥沃的酸性土壤。

保护级别

国家二级重点保护野生植物。

主要价值

观赏:株形矮小,终年常绿,果实鲜红,可供室内盆栽观赏,是作盆景的好材料。

繁育技术

一般用种子播种和扦插方式进行繁育。

112
黄山梅

物种简介

黄山梅（*Kirengeshoma palmata*）是绣球花科黄山梅属植物。

分布生境

产安徽省黄山和浙江省天目山。生于海拔700～1 800米山谷林中阴湿处。日本、朝鲜亦产。

形态特征

多年生草本。植株高80～120厘米。茎直立，近四棱形，略紫色。叶生于茎下部的最大，圆心形，长和宽均10～20厘米，掌状7～10裂，裂片具粗齿，基部近心形，两面被糙伏毛，生于茎上部的叶渐较小，长、宽均3～7厘米，最上部的叶卵形或披针形，先端渐尖。聚伞花序生于茎上部叶腋及顶端，通常具3花，中部的花最大，无小苞片，两侧的花较小，具小苞片，有时退化仅具1～2花；苞片披针形；花黄色，直径4～5厘米；花梗长1～3厘米，中部的花梗常较两侧的短；萼筒半球形，直径7～10毫米，被柔毛，裂片三角形；花瓣5，离生，形状稍不等，长圆状倒卵形或近狭倒卵形，长2.5～3.5厘米，宽10～15毫米，先端急尖；雄蕊15；花柱线形，向上稍狭，长约2厘米。蒴果阔椭圆形或近球形，直径约1.3厘米；种子黄色，扁平，连翅长7～10毫米，宽3～5毫米，周围具膜质斜翅。花期6—8月，果期9—10月。

生长习性

喜阴，不耐强光照射，喜温凉、湿润的生境，喜富含有机质的酸性黄棕壤。

保护级别

国家二级重点保护野生植物。

主要价值

观赏: 黄山梅花大色艳,可作为观赏盆栽植物。

科研: 黄山梅为单种属植物,是中国、日本间断分布的典型种类。对于阐明虎耳草科的种系演化以及中国和日本植物区系的关系,均有科研价值。

繁育技术

暂无栽培。

113
杜鹃红山茶

物种简介

杜鹃红山茶（*Camellia azalea*）一般指杜鹃叶山茶，为山茶科山茶属植物。

分布生境

产广东省阳春河尾山，生于海拔 500 米的山地林中或林缘，现广东省、福建省等地引种栽培，是中国特有的一个山茶物种。

形态特征

嫩枝红色，无毛，老枝灰色。叶革质，倒卵状长圆形，有时长圆形，长 7～11 厘米，宽 2～3.5 厘米，上面干后深绿色，发亮，下面绿色，无毛；先端圆或钝，基部楔形，多少下延，侧脉 6～8 对，干后在上下两面均稍突起，全缘，偶或近先端有少数齿突，叶柄长 6～10 毫米。花深红色，单生于枝顶叶腋；直径 8～10 厘米；苞片与萼片 8～9 片，倒卵圆形，最内数片长 1.8 厘米，外面无毛，内面有短柔毛，边缘有睫毛，花瓣 5～6 片，长倒卵形，外侧 3 片较短，长 5～6.5 厘米，宽 1.7～2.4 厘米，内侧 3 片长 8～8.5 厘米，宽 2.2～3.2 厘米，无毛，先端凹入，多少有睫毛，雄蕊长 3.5 厘米，花丝管长 1.3～1.6 厘米，游离花丝长 1.5～2 厘米，子房 3 室，无毛，花柱长 3.5 厘米，先端 3 裂，裂片长 1 厘米。蒴果短纺锤形，长 2～2.5 厘米，宽 2～2.3 厘米，有半宿存萼片，果爿木质，3 爿裂开，每室有种子 1～3 粒。

⚙ 生长习性

喜温暖湿润的环境,稍耐寒,耐阴,喜深厚肥沃、富含腐殖质的酸性土壤。生长在生态环境较好的深山老林里。

🌱 保护级别

国家一级重点保护野生植物。

⊘ 主要价值

观赏:因其花大色艳,花期为夏季,而山茶属花期多为冬季,因此成为山茶花期育种的珍贵材料,备受园林界推崇。可盆栽置于阳台、露台、室内等处观赏;亦可栽培于草坪、林缘等处。

🌱 繁育技术

杜鹃红山茶一般采用扦插方式进行繁育。

通常于5—6月在大棚内进行。苗床铺15厘米厚沙子,上面再铺15厘米厚的砂壤土。盆插基质以珍珠岩:蛭石:泥炭土为1:1:1的比例混合为好。扦插前一周使用1 000倍高锰酸钾溶液先进行杀菌处理,扦插前一天浇透清水,以基质湿润为宜。挑选当年生长健壮的嫩枝顶芽的枝条,剪成长5~8厘米插条,保留有1~2个叶片。插穗基部蘸生根剂,插穗入土深4~5厘米。插后喷适量水,覆盖塑料薄膜,并在薄膜上遮盖遮光率为75%的遮阳网。空气相对湿度以在85%~90%为好,苗床温度超过25 ℃时要揭开塑料薄膜,进行雾状喷水,加强通风,降低床内温度。7~8周后就能长出新根。培育3年后便可开花。

114

新疆紫草

物种简介

新疆紫草（*Arnebia euchroma*）别名软紫草、硬紫草、大紫草、红条紫草，为紫草科软紫草属植物。

分布生境

产新疆维吾尔自治区及西藏自治区。生海拔2 500～4 200米砾石山坡、洪积扇、草地及草甸等处。印度、尼泊尔、巴基斯坦、克什米尔地区、阿富汗、伊朗、俄罗斯也有分布。

形态特征

多年生草本。根粗壮，直径可达2厘米，富含紫色物质。茎1条或2条，直立，高15～40厘米，仅上部花序分枝，基部有残存叶基形成的茎鞘，被开展的白色或淡黄色长硬毛。叶无柄，两面均疏生半贴伏的硬毛；基生叶线形至线状披针形，长7～20厘米，宽5～15毫米，先端短渐尖，基部扩展成鞘状；茎生叶披针形至线状披针形，较小，无鞘状基部。镰状聚伞花序生茎上部叶腋，长2～6厘米，最初有时密集成头状，含多数花；苞片披针形；花萼裂片线形，长1.2～1.6厘米，果期可达3厘米，先端微尖，两面均密生淡黄色硬毛；花冠筒状钟形，深紫色，有时淡黄色带紫红色，外面无毛或稍有短毛，筒部直，长1～1.4厘米，檐部直径6～10毫米，裂片卵形，开展；雄蕊着生于花冠筒中部（长柱花）或喉部（短柱花），花药长约2.5毫米；花柱长达喉部（长柱花）或仅达花筒中部（短柱花），先端浅2裂，柱头2，倒卵形。小坚果宽卵形，黑褐色，长约3.5毫米，宽约

3 毫米,有粗网纹和少数疣状突起,先端微尖,背面凸,腹面略平,中线隆起,着生面略呈三角形。花果期6—8月。

生长习性

喜凉爽湿润气候,具耐寒、耐旱、抗瘠薄的特点,一般生长在海拔 2 500～4 200 米处,分布区年平均气温多在 0 ℃以下,阳坡上生长较好。

保护级别

国家二级重点保护野生植物。

主要价值

药用:以根入药,具抗菌、活血、凉血、清热、解毒功效,主治温热斑疹、湿热黄疸、紫癜、吐、衄、尿血、淋浊、热结便秘、烧伤、湿疹、丹毒、痈疡等症。

繁育技术

暂无栽培。

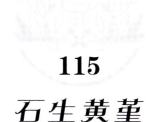

115
石生黄堇

物种简介

石生黄堇（*Corydalis saxicola*）是罂粟科紫堇属植物。

分布生境

产中国浙江省、湖北省、陕西省、四川省、云南省、贵州省、广西壮族自治区。生长于海拔600～1 690米的石灰岩缝隙中，在四川省西南部海拔可升至2 800～3 900米。

形态特征

易萎软草本，高30～40厘米，具粗大主根和单头至多头的根茎。茎分枝或不分枝；枝条与叶对生，花葶状。基生叶长10～15厘米，具长柄，叶片约与叶柄等长，二回至一回羽状全裂，末回羽片楔形至倒卵形，长2～4厘米，宽2～3厘米，不等大2～3裂或边缘具粗圆齿。总状花序长7～15厘米，多花，先密集，后疏离。苞片椭圆形至披针形，全缘，下部的约长1.5厘米，宽1厘米，上部的渐狭小，全部长于花梗。花梗长约5毫米。花金黄色，平展。萼片近三角形，全缘，长约2毫米。外花瓣较宽展，渐尖，鸡冠状突起仅限于龙骨状突起之上，不伸达顶端。上花瓣长约2.5厘米；距约占花瓣全长的1/4，稍下弯，末端囊状；蜜腺体短，约贯穿距长的1/2。下花瓣长约1.8厘米，基部近具小瘤状突起。内花瓣长约1.5厘米，具厚而伸出顶端的鸡冠状突起。雄蕊束披针形，中部以上渐缢缩。柱头2叉状分裂，各枝顶端具2裂的乳突。蒴果线形，下弯，长约2.5厘米，具1列种子。花期4—5月；果期6—7月。

生长习性

石生黄堇是一种适应性强、生长环境特殊的植物。喜湿润的环境，喜生长在石灰岩缝隙中、屋檐下的石缝里。它的根系细小脆弱，因此在农村的土地中生长并不容易。

保护级别

国家二级重点保护野生植物。

主要价值

观赏：英国皇家植物园林邱园曾引种于岩石园中供观赏。

药用：石生黄堇根或全草煎服有清热止痛、消毒消炎、健胃止血等功效，主治火眼、腮腺炎、喉炎、牙痛、胆囊炎、肝炎、跌打损伤、外伤出血。

繁育技术

石生黄堇主要以种子繁殖为主。

石生黄堇种子采收季节为6—7月，宜即采即播，不宜长时间贮藏，否则会影响种子的发芽率。一般贮藏超过4个月，种子基本失去发芽力。采收后进行湿沙层积催芽处理，1个月后进行播种，可提高种子发芽的速度和整齐度。

116
久治绿绒蒿

物种简介

久治绿绒蒿（*Meconopsis barbiseta*）是罂粟科绿绒蒿属植物。

分布生境

产青海省久治县,生长于海拔4 400米附近的高山草甸。

形态特征

一年生草本,植株基部盖以密集的莲座叶残基。主根萝卜状,长约2厘米,粗约1.2厘米。叶全部基生,叶片倒披针形,长3～5厘米,宽0.7～1厘米,先端钝或圆,基部渐狭而入叶柄,两面被黄褐色刚毛,边缘全缘或微波状;叶柄宽条形,长2～3厘米,近基部扩大成膜质鞘,无毛或硫被黄褐色刚毛。花葶高30～40厘米,先端细,向基部逐渐增粗,被黄褐色、通常反曲的刚毛,花下毛较密。花单生于基生花葶上;花瓣6,倒卵形至倒卵状长圆形,长4～4.5厘米,宽2～2.5厘米,顶端平截,边绿微波状,蓝紫色,基部紫黑色;花丝丝状,长1.5厘米,花药长圆形,长约1.6毫米;子房卵形,长约1厘米,密被锈色刚毛,花柱圈柱状,长约4毫米,粗约2毫米,柱头4～6裂,裂片下延。果未见。花期7—9月。

生长习性

生长在高山的岩石堆中,属于高山花卉,抗寒性极强。

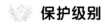

保护级别

国家二级重点保护野生植物。

主要价值

观赏：久治绿绒蒿是稀有的高山花卉，蓝紫色的花轻盈亮丽，有很高的观赏价值。

繁育技术

一般采用种子播种方式进行繁育。不耐移植，可秋季直播。

117
红花绿绒蒿

物种简介

红花绿绒蒿(*Meconopsis punicea*)是罂粟科绿绒蒿属植物。

分布生境

产中国四川省西北部、西藏自治区东北部、青海省东南部和甘肃省西南部,生于海拔 2 800～4 300米的山坡草地。

形态特征

多年生草本,高 30～75 厘米,基部盖以宿存的叶基,其上密被淡黄色或棕褐色,具多短分技的刚毛。须根纤维状。叶全部基生,莲座状,叶片倒披针形或狭倒卵形,长 3～18 厘米,宽 1～4 厘米,先端急尖,基部渐狭,下延入叶柄,边缘全缘,两面密被淡黄色或棕褐色,具多短分枝的刚毛明显具数条纵脉;叶柄长 6～34 厘米,基部略扩大成鞘。花葶 1～6,从莲座叶丛中生出,通常具肋,被棕黄色、具分枝且反折的刚毛。花单生于基生花葶上,下垂;花芽卵形;萼片卵形,长 1.5～4厘米,外面密被淡黄色或棕褐色、具分枝的刚毛;花瓣 4,有时 6,椭圆形,长 3～10 厘米,宽 1.5～5 厘米,先端急尖或圆,深红色;花丝条形,长 1～3 厘米,宽 2～2.5 毫米,扁平,粉红色,花药长圆形,长 3～4 毫米,黄色;子房宽长圆形或卵形,长 1～3 厘米。花柱极短,柱头 4～6 圆裂。蒴果椭圆状长圆形,长 1.8～2.5 厘米,粗 1～1.3 厘米,无毛或密被淡黄色、具分枝的刚毛,4～6 瓣自顶端微裂。种子密具乳突。花果期 6—9 月。

生长习性

红花绿绒蒿耐寒,宜冬季干燥、夏季湿润凉爽的气候,喜富含有机质和排水良好的土壤。

保护级别

国家二级重点保护野生植物。

主要价值

观赏:红花绿绒蒿花大色艳,具有较高的观赏价值。

药用:花茎及果入药,有镇痛止咳、固涩、抗菌的功效,主治遗精、肝硬化。

繁育技术

通常采用种子播种方式进行繁育。

118

马蹄香

物种简介

马蹄香(*Saruma henryi*)是马兜铃科马蹄香属植物。中国特有的单种属植物。

分布生境

产于江西省、湖北省、河南省、陕西省、甘肃省、四川省及贵州省等省,生于海拔600～1 600米山谷林下和沟边草丛中。

形态特征

多年生直立草本,茎高50～100厘米,被灰棕色短柔毛,根状茎粗壮,直径约5毫米;有多数细长须根。叶心形,长6～15厘米,顶端短渐尖,基部心形,两面和边缘均被柔毛;叶柄长3～12厘米,被毛。花单生,花梗长2～5.5厘米,被毛;萼片心形,长约10毫米,宽约7毫米;花瓣黄绿色,肾心形,长约10毫米,宽约8毫米,基部耳状心形,有爪;雄蕊与花柱近等高,花丝长约2毫米,花药长圆形,药隔不伸出;心皮大部离生,花柱不明显,柱头细小,胚珠多数,着生于心皮腹缝线上。蓇葖果蒺藜状,长约9毫米,成熟时沿腹缝线开裂。种子三角状倒锥形,长约3毫米,背面有细密横纹。花期4—7月。

生长习性

马蹄香在每年的3月下旬至4月上旬开始开花,此时植物新叶分化、生长较快,花蕾出现得也较快,一株植物的数个地上分枝上可有2～3朵花同时开放。随着新叶分

化减慢,开花数减少,到 5 月底至 6 月初时,整个植株每次仅有 1 朵花开放,不再有几朵花同时开放的现象。到 6 月底至 7 月初时,植株几乎不再分化出花蕾。

保护级别

国家二级重点保护野生植物。

主要价值

观赏:马蹄香形态优美,耐阴耐湿,在园林上可作为良好的林下地被植物使用,也可作为野生观赏植物。

药用:马蹄香的根及根状茎可入药,能温中、散寒,理气、镇痛,主治胃寒痛、心前区痛关节痛等症;鲜叶外敷可治化脓疮疡。

科研:马蹄香属中国特有的单种属植物,也是马兜铃科现存最原始的种类,经第四纪冰川作用后在中国的华中及西南少数地区残存下来,在研究中国种子植物区系的组成、性质和特点,以及发生和演变等方面具重要意义。

繁育技术

宜采取分株方式进行繁育。

一般在 3 月下旬至 4 月上旬,把根状茎挖出,从节结处分开,进行穴栽,注意及时遮阴、浇水保湿。

119
七叶一枝花

物种简介

七叶一枝花（*Paris polyphylla*）是藜芦科重楼属植物。

分布生境

产西藏自治区、云南省、四川省和贵州省。生于海拔 1 800～3 200 米的林下。不丹、印度、尼泊尔和越南也有分布。

形态特征

草本，植株高 35～100 厘米，无毛；根状茎粗厚，直径达 1～2.5 厘米，外面棕褐色，密生多数环节和许多须根。茎通常带紫红色，直径 0.8～1.5 厘米，基部有灰白色干膜质的鞘 1～3 枚。叶 5～10 枚，矩圆形、椭圆形或倒卵状披针形，长 7～15 厘米，宽 2.5～5 厘米，先端短尖或渐尖，基部圆形或宽楔形；叶柄明显，长 2～6 厘米，带紫红色。花梗长 5～30 厘米；外轮花被片绿色，3～6 枚，狭卵状披针形，长 3～7 厘米；内轮花被片狭条形，通常比外轮长；雄蕊 8～12 枚，花药短，长 5～8 毫米，与花丝近等长或稍长，药隔突出部分长 0.5～2 毫米；子房近球形，具棱，顶端具一盘状花柱基，花柱粗短，具 4～5 分枝。蒴果紫色，直径 1.5～2.5 厘米，3～6 瓣裂开。种子多数，具鲜红色多浆汁的外种皮。花期 4—7 月，果期 8—11 月。

生长习性

喜温湿、喜荫蔽，抗寒、耐旱，惧霜冻和阳光直射。喜有机质、腐殖质含量较高的砂土和壤土,以河边和背阴山种植为宜。

保护级别

国家二级重点保护野生植物。

主要价值

观赏:七叶一枝花的株形奇特,颇为美观,可种植于疏林下,也可片植于林缘作地被植物。

药用:根茎入药,具有清热解毒、消肿止痛之功效,主治流行性乙型脑炎、胃痛、阑尾炎、淋巴结结核、扁桃体炎、腮腺炎、乳腺炎、毒蛇、毒虫咬伤、疮疡肿毒、痛肿肺痨久咳、跌打损伤、骨髓炎等症,是云南白药的主要成分之一。

繁育技术

一般采用种子播种和根茎种植。

播种:9—10月种子成熟时,宜随采随播,条播或撒播,覆土4～5厘米。培育2～3年春或深秋移栽。追肥可在第二年春季出苗后进行,以氮肥、磷肥为主。

根茎:秋、冬季节采挖健壮根茎,置于阴凉干燥处砂贮。于翌年4月上、中旬取出,按有切成小段,每段保证带1个芽痕,切好后适当晾干并拌草木灰,条栽于苗床,覆盖薄膜,遮阴保温保湿,并注意适当通风,15～20天即可生根长芽,5月中下旬即可移栽。

120

龙　棕

物种简介

龙棕（*Trachycarpus nanus*）是棕榈科棕榈属植物，是中国特有种。

分布生境

仅见于云南省的大姚、宾川、永胜以及峨山等地区，生于海拔 1 500～2 300 米山中。

形态特征

呈灌木状，体高 0.5～0.8 米；无地上茎，地下茎节密集，多须根，向上弯曲，犹如龙状，故名龙棕。

叶簇生于地面，形状如棕榈叶，但较小和更深裂，裂片为线状披针形，长 25～55 厘米，宽 1.5～2.5 厘米，先端浅 2 裂，上面绿色，背面苍白色；叶柄长 25～35 厘米，两侧有或无密齿。花序从地面直立伸出，较细小，长 40～48 厘米，通常二回分枝；花雌雄异株，雄花序的花比雌花序的花密集；雄花球形，黄绿色，无毛，萼片 3，几离生，花瓣 2 倍长于萼片，发育雄蕊 6，退化雄蕊 3；雌花淡绿色，球状卵形，花瓣稍长于花萼，心皮 3，被银色毛，胚珠 3，只 1 颗发育。果实肾形，蓝黑色，宽 10～12 毫米，高 6～8 毫米。种子形状如果实，胚乳均匀，胚侧生，偏向种脐。花期 4 月，果期 10 月

生长习性

喜温暖，喜湿润，耐阴，较耐寒，具一定的抗旱性；常生长在中国云南松林下，在植物群落中处于伴生种地位，生长发育很大程度受到群落的制约和影响。

保护级别

国家二级重点保护野生植物。

主要价值

观赏：龙棕是棕榈科植物中较为特殊的矮化类型；植株矮小，茎盘曲如龙，埋于地下，且较耐寒，观赏价值极高，是优良的观赏植物资源，适宜做高级盆景和庭园绿化植物。

药用：龙棕的根茎可入药，具清热凉血的功效，主治胃溃疡、子宫脱垂等症。

繁育技术

主要采用播种方式进行繁育。

龙棕种子无休眠期，成熟后在适宜的环境条件下 30 天左右即可萌发。一般于 10 月份采收成熟种子，去除果皮及果肉，将种子用 1∶500 的甲基托布津或多菌灵溶液浸泡 30 分钟，取出后放于清水中浸泡 24 小时，放在沙床上进行催芽。催芽后露白的种子，播入营养钵中培养。营养土可选用砂壤土、蘑菇土、稻谷灰按 4∶1∶1 比例混合。

121

琼 棕

物种简介

琼棕（*Chuniophoenix hainanensis*）是棕榈科琼棕属植物。

分布生境

产海南省的陵水、琼中等地。生于山地疏林中。

形态特征

丛生灌木状，高3米或更高，具吸芽，从叶鞘中生出。叶掌状深裂，裂片14～16片，线形，长达50厘米，宽1.8～2.5厘来，先端渐尖，不分裂或2浅裂，中脉上面凹陷，背面凸起；叶柄无刺，顶端无戟突，上面具深凹槽。花序腋生，多分枝，呈圆锥花序式，主轴上的苞片（一级佛焰苞）管状，长5～6厘米，顶端三角形，被早落的鳞秕；每一佛焰苞内有分枝3～5个，分枝长10～20厘米，其上密被褐红色有条纹脉的漏斗状小佛焰苞；花两性，紫红色，花萼筒状，长约2毫米，宿存；花瓣2～3片，紫红色，卵状长圆形，长5～6毫米，雄蕊4～6枚，花丝长3～4毫米，基

部扩大并连合;花药卵形,长1毫米;子房长圆形,长2毫米,花柱短,柱头3裂。果实近球形,直径约1.5厘米,外果皮薄,中果皮肉质,内果皮薄。种子为不整齐的球形,直径约1厘米,灰白色,胚乳嚼烂状,胚基生。花期4月,果期9～10月。

生长习性

产地常年高温多湿,年平均温为21 ℃～23 ℃,相对湿度85％以上。土壤为砖红壤,pH 4.5～5.5。生于山地雨林或沟谷雨林的林下,常见于山坡下部、沟谷两旁的阴湿环境中

保护级别

国家二级重点保护野生植物。

主要价值

观赏:常绿丛生,叶团扇形,株形美观,是很好的庭园观赏植物,具有很高的观赏价值。

科研:对研究该科植物的系统发育和植物区系有科学价值。

经济:茎秆坚韧,可作粗口径藤类代用品。

繁育技术

一般采用种子播种和分株方式进行繁育。

122
中华结缕草

🌼 物种简介

中华结缕草（*Zoysia sinica*）是禾本科结缕草属多年生草本植物。

📍 分布生境

产辽宁省、河北省、山东省、江苏省、安徽省、浙江省、福建省、广东省、台湾地区；生于海边沙滩、河岸、路旁的草丛中。日本也有分布。

❋ 形态特征

多年生。具横走根茎，秆直立，高 13～30 厘米，茎部常具宿存枯萎的叶鞘。叶鞘无毛，长于或上部者短于节间，鞘口具长柔毛；叶舌短而不明显；叶片淡绿或灰绿色，背面色较淡，长可达 10 厘米，宽 1～3 毫米，无毛，质地稍坚硬，扁平或边缘内卷。总状花序穗形，小穗排列稍疏，长 2～4 厘米，宽 4～5 毫米，伸出叶鞘外；小穗披针形或卵状披针形，黄褐色或略带紫色，长 4～5 毫米，宽 1～1.5毫米，具长约 3 毫米的小穗柄；颖光滑无毛，侧脉不明显，中脉近顶端与颖分离，延伸成小芒尖；外稃膜质，长约 3 毫米，具 1 明显的中脉；雄蕊 3 枚，花药长约 2 毫米；花柱 2，柱头帚状。颖果棕褐色，长椭圆形，长约 3 毫米。花果期 5—10 月。

⚙ 生长习性

中华结缕草是阳性喜温植物，对环境条件适应性广，适宜在各种土壤上种植，具有耐湿、耐旱、耐盐碱的特性。无论在干旱山坡，还是在海水到达的砂质海岸上，均能繁

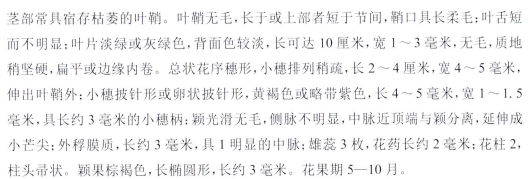

茂生长。

保护级别

国家二级重点保护野生植物。

主要价值

生态：中华结缕草具有强大的地下茎，生有大量须根，分布深度多在 20～30 厘米的土层内，叶片坚韧而富有弹性，抗践踏，耐修剪，是极好的运动场和草坪用草，也是一种很好的护坡、护堤水土保持植物。

饲用：中华结缕草鲜茎叶是马、牛、羊、兔、鹅、鱼皆喜食的广用饲草，再生力和耐牧性强。

繁育技术

一般采用播种方式进行繁育。

播种期宜在雨季之后，即 7 月底至 8 月初。播种前将种子用 0.5％氢氧化钠溶液浸泡 24 小时，再用清水洗净、晾干后播种。播后 10～15 天发芽，20 多天齐苗。

123

水 禾

物种简介

水禾（*Hygroryza aristata*）为禾本科水禾属植物，为中国特有濒危浮水植物。

分布生境

产广东省、海南省、福建省、台湾地区。生于池塘湖沼和小溪流中。分布于印度和东南亚地区。

形态特征

水生漂浮草本；根状茎细长，节上生羽状须根。茎露出水面的部分长约20厘米。叶鞘膨胀，具横脉；叶舌膜质，长约0.5毫米；叶片卵状披针形，长3～8厘米，宽1～2厘米，下面具小乳状突起，顶端钝，基部圆形，具短柄。圆锥花序长与宽近相等，为4～8厘米，具疏散分枝，基部为顶生叶鞘所包藏；小穗含1小花，颖不存在，外稃长6～8毫米，草质，具5脉，脉上被纤毛，脉间生短毛，顶端具长1～2厘米的芒，基部有长约1厘米的柄状基盘；内稃与其外稃同质且等长，具3脉，中脉被纤毛，顶端尖；鳞被2，具脉；雄蕊6，花药黄色，长3～3.5毫米。秋季开花。

生长习性

多生长在池塘、湖沼和小溪流中。

保护级别

国家二级重点保护野生植物。

主要价值

观赏：水禾叶子具有独特的观赏性。在阴凉暗处生长的水禾有紫色斑点，作为水体的装饰点缀有较好的观赏效果。

生态：由于水禾能够在白天制造氧气，有利于平衡水体中的化学成分和促进鱼类的生长，所以对水体净化有一定生态意义。

饲用：植株可作猪、鱼及牛的饲料。

繁育技术

暂无栽培。

124
四药门花

物种简介

四药门花(*Loropetalum subcordatum*)是金缕梅科檵木属植物。

分布生境

分布于广东省沿海及广西壮族自治区龙州。为我国特有单种属植物。

形态特征

常绿灌木或小乔木,高达 12 米;小枝无毛,干后暗褐色。叶革质,卵状或椭圆形,长 7～12 厘米,宽 3.5～5 厘米,先端短急尖,基部圆形或微心形,上面深绿色,发亮,下面秃净无毛;侧脉 6～8 对,在上面下陷,在下面突出,网脉干后在上面下陷,在下面稍突起;全缘或上半部有少数小锯齿;叶柄长 1～1.5 厘米;托叶披针形,长 5～6 毫米,被星毛。头状花序腋生,有花约 20 朵,花序柄长 4～5 厘米;苞片线形,长 3 毫米。花两性,萼筒长 1.5 毫米,被星毛,萼齿 5 个,矩状卵形,长 2.5 毫米;花瓣 5 片,带状,长 1.5 厘米,白色;雄蕊 5 个,花丝极短,花药卵形;退化雄蕊叉状分裂;子房有星毛。蒴果近球形,直径 1～1.2 厘米,有褐色星毛,萼筒长达蒴果 2/3。种子长卵形,长 7 毫米,黑色;种脐白色。

生长习性

喜温暖、湿润、半阴环境。喜富含腐殖质的肥沃赤红壤土。是热带与亚热带森林下的小树,有一定耐阴力。

保护级别

国家二级重点保护野生植物。

主要价值

科研：四药门花是中国稀有种，在系统学研究上具有重要科学意义。

繁育技术

一般采用扦插方式进行繁育。

3月上旬至10月下旬均可进行。选择当年萌发的半木质化枝作为插条。插穗含2～3个芽，控制在10～15厘米长。上切口距离顶芽1厘米剪成平口，下切口距离下端芽0.5厘米剪成小斜口。插穗顶部保留1片叶，保留的叶片剪除2/3。扦插基质用珍珠岩、河沙、园土等体积混合。扦插前用96％恶霉灵可湿性粉剂3 000倍液喷洒基质进行消毒。插穗基部3～5厘米处用ABT1、2号生根粉涂抹，可以显著提高生根率。扦插深度约为插穗长度的1/3。浇透水，注意遮阴，保持适宜温湿度，25～30天即可生根，40天左右抽发新叶。

125

银缕梅

物种简介

银缕梅（*Shaniodendron subaequale*）是金缕梅科银缕梅属植物。

分布生境

分布于江苏省宜兴铜官山及江西省庐山。生于丘陵山区、大别山海拔 400～700 米区间、种群分布区及其狭窄，呈间断孤岛状分布，仅分布于天目山段、大别山东南部这两个区域。

形态特征

落叶小乔木；株高达 4～5 米；裸芽，被绒毛；枝芽及幼枝被星状毛；叶倒卵形，长 4～6.5 厘米，宽 2～4.5 厘米，先端钝，上面有光泽，下面有星状柔毛；侧脉 4～5 对；托叶早落；短穗状花序腋生及顶生，具 3～7 花；雄花与两性花同序，外轮 1～2 朵为雄花，内轮 4～5 朵为两性花；花无梗，苞片卵形；萼筒浅杯状，萼具不整齐钝齿，宿存；无花瓣；雄蕊 5～15，花丝长，直伸，花后弯垂，花药 2 室，具 4 个花粉囊，药隔突出；子房半下位，2 室，花柱 2，常卷曲；蒴果近圆形，长 8～9 毫米，花柱宿存；种子纺锤形，长 6～7 毫米，两端尖，褐色有光泽，种脐浅黄色；花期 5 月。

生长习性

银缕梅喜温暖，也耐严寒；适宜生长温度是 15 ℃～25 ℃，冬季不低于 −10 ℃。喜光，也可在半阴环境生长；喜疏松肥沃、排水良好的土壤。主要生长在丘陵山坡下部沟

谷两旁的杂木次生林中，伴生树木品种较多，树龄各异，生长茂密，组成混交复成林。

保护级别

国家一级重点保护野生植物。

主要价值

观赏：银缕梅木材细密坚硬，属铁木类材质；树姿优雅，花型奇特，秋后叶色五彩缤纷，是珍贵的特种用材和园林景观植物，也是优良的盆景树种。

科研：银缕梅是罕见的被子植物活化石树种，是我国第一批公布的重点一级野生保护植物，它和银杏、水杉一样同为被子植物中最古老的物种，有着极高的科学研究价值，对地球环境和物种演变有着重要的科学研究意义。

繁育技术

一般采取播种和扦插方式进行繁育。

播种：种子繁殖期间，可以通过增加空气湿度来推迟花药开裂时间，延长花粉寿命，减轻花期不遇造成的不利影响从而提高结实率。

扦插：选择通风、向阳、排水良好、具有灌溉条件的地块，温室或大棚设施，扦插基质可用泥炭土、珍珠岩和蛭石按体积比2∶1∶1混合而成。在扦插前5～7天，用多菌灵800～1 000倍水溶液对基质进行喷洒消毒。温度保持15 ℃～25 ℃。选择生长健壮的10年生实生母树作为采穗母株，剪取树冠最下部顶芽健壮、饱满的当年生枝条作为插条。将插条剪成长度10～15厘米的插穗，下端叶应从基部全部剪除，上端保留两对芽叶，其中叶过大者留一片叶或两片叶均减去一半，插穗底部剪斜口，用300毫克／升吲哚丁酸溶液，浸泡15秒，垂直插入基质中并压实。扦插深度为4～5厘米，插穗上端2对芽叶露出地面。扦插株行距10～15厘米。随采随插。

126

土沉香

物种简介

土沉香（*Aquilaria sinensis*）是瑞香科沉香属植物。

分布生境

产广东省、海南省、广西壮族自治区、福建省。喜生于低海拔的山地、丘陵以及路边阳处疏林中。

形态特征

乔木，高5～15米，树皮暗灰色，几平滑，纤维坚韧；小枝圆柱形，具皱纹，幼时被疏柔毛，后逐渐脱落，无毛或近无毛。叶革质，圆形、椭圆形至长圆形，有时近倒卵形，长5～9厘米，宽2.8～6厘米，先端锐尖或急尖而具短尖头，基部宽楔形，上面暗绿色或紫绿色，光亮，下面淡绿色，两面均无毛，侧脉每边15～20，在下面更明显，小脉纤细，近平行，不明显，边缘有时被稀疏的柔毛；叶柄长5～7毫米，被毛。花芳香，黄绿色，多朵，组成伞形花序；花梗长5～6毫米，密被黄灰色短柔毛；萼筒浅钟状，长5～6毫米，两面均密被短柔毛，5裂，裂片卵形，长4～5毫米，先端圆钝或急尖，两面被短柔毛；花瓣10，鳞片状，着生于花萼筒喉部，密被毛；雄蕊10，排成1轮，花丝长约1毫米，花药长圆形，长约4毫米；子房卵形，密被灰白色毛，2室，每室1胚珠，花柱极短或无，柱头头状。蒴果，种子褐色，卵球形，长约1厘米，宽约5.5毫米，花期春夏，果期夏秋。

生长习性

喜生于低海拔的山地、丘陵以及路边阳处疏林中；喜 pH 4～6 的弱酸性土壤。

保护级别

国家二级重点保护野生植物。

主要价值

经济：老茎所积得的树脂，俗称沉香，可作香料原料；树皮纤维柔韧，色白而细致可做高级纸原料及人造棉；木质部可提取芳香油，花可制浸膏。

药用：沉香入药，具行气止痛、温中降逆、纳气平喘功效；主治脘腹冷痛、胃寒呕吐、腰膝虚冷、大肠虚秘、小便气淋等症，为治胃病的特效药。

繁育技术

通常采用种子播种进行繁育。

宜在7月份果实生长最为成熟时进行采种。选地势平缓、土壤肥沃、排水性能良好、土质疏松的砂壤土做苗床。播种之前需要通过500倍高锰酸钾的水溶液进行消毒处理。选用撒播或者条播的方法进行播种，播种数量大约为7～9克／平方米。播种后覆盖稻草，浇透水，遮阴，通风，保湿。当幼苗发出2～3对真叶时即可移植。

127

金荞麦

物种简介

金荞麦（*Fagopyrum dibotrys*）是蓼科荞麦属植物。

分布生境

产陕西省、华东、华中、华南及西南。生山谷湿地、山坡灌丛，海拔250～3 200米。印度、锡金、尼泊尔、克什米尔地区、越南、泰国也有。

形态特征

多年生草本。根状茎木质化，黑褐色。茎直立，高50～100厘米，分枝，具纵棱，无毛。有时一侧沿棱被柔毛。叶三角形，长4～12厘米，宽3～11厘米，顶端渐尖，基部近戟形，边缘全缘，两面具乳头状突起或被柔毛；叶柄长可达10厘米；托叶鞘筒状，膜质，褐色，长5～10毫米，偏斜，顶端截形，无缘毛。花序伞房状，顶生或腋生；苞片卵状披针形，顶端尖，边缘膜质，长约3毫米，每苞内具2～4花；花梗中部具关节，与苞片近等长；花被5深裂，白色，花被片长椭圆形，长约2.5毫米，雄蕊8，比花被短，花柱3，柱头头状。瘦果宽卵形，具3锐棱，长6～8毫米，黑褐色，无光泽，超出宿存花被2～3倍。花期7—9月，果期8—10月。

生长习性

金荞麦适应性较强，对土壤肥力、温度、湿度的要求较低，耐旱耐寒性强。适宜栽培在排水良好的高海拔、肥沃疏松的砂壤土中，而不宜栽培在黏土及排水性差的地块。

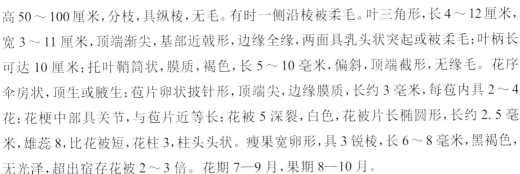

金荞麦属于喜温植物,在 15 ℃～30 ℃条件下生长良好,在约 −10 ℃的地区栽培可安全越冬。

保护级别

国家二级重点保护野生植物。

主要价值

观赏:金荞麦叶大美观,株形适中,园林中有少量应用,可用于石缝、岩石园、园路边丛植或片植,也可用于林缘、林下片植观赏。

生态:金荞麦具有固土拦土能力,种植在坡地上有很好的水土保持效果,防止土壤流失。

药用:块根可供药用,具清热解毒、排脓去瘀、清热解毒、活血化瘀、祛风湿的功效。主治肺痈、肺热咳喘、咽喉肿痛、痢疾、风湿痹证、跌打损伤、痈肿疮毒、蛇虫咬伤等症。

食用:因金荞麦籽粒营养丰富,可制成各种营养保健食品或饮品。

饲用:金荞麦植株中粗蛋白等养分价值较高,还可用作牧草。

繁育技术

一般采用根茎切块分株繁育。

宜在 3 月下旬至 4 月中旬进行。选根茎的幼嫩部分及芽苞作材料。在萌发前将根茎挖出,选择健康无伤的根茎切成 4～6 厘米长的小段,按行距 45 厘米在畦面开沟,沟深 10～15 厘米,再按株距 30 厘米把根茎植入沟中,覆土盖实,覆土厚度 10 厘米左右。

128
珙　桐

物种简介

珙桐（*Davidia involucrata*）是蓝果树科珙桐属植物。

分布生境

产湖北省、湖南省、四川省、贵州省和云南省。在四川省西部的宝兴、天全、峨眉、马边、峨边等县极常见；生于海拔 1 500～2 200 米的润湿的常绿阔叶与落叶阔叶混交林中。

形态特征

落叶乔木，高 15～20 米，稀达 25 米；胸高直径约 1 米；树皮深灰色或深褐色，常裂成不规则的薄片而脱落。幼枝圆柱形，当年生枝紫绿色，无毛，多年生枝深褐色或深灰色；冬芽锥形，具 4～5 对卵形鳞片，常成覆瓦状排列。叶纸质，互生，无托叶，常密集于幼枝顶端，阔卵形或近圆形，常长 9～15 厘米，宽 7～12 厘米，顶端急尖或短急尖，具微弯曲的尖头，基部心脏形或深心脏形，边缘有三角形而尖端锐尖的粗锯齿，上面亮绿色，初被很稀疏的长柔毛，渐老时无毛，下面密被淡黄色或淡白色丝状粗毛，中脉和 8～9 对侧脉均在上面显著，在下面凸起；叶柄圆柱形，长 4～5 厘米，稀达 7 厘米，幼时被稀疏的短柔毛。两性花与雄花同株，由多数的雄花与 1 个雌花或两性花呈近球形的头状花序，直径约 2 厘米，着生于幼枝的顶端，两性花位于花序的顶端，雄花环绕于其周围，基部具纸质、矩圆状卵形或矩圆状倒卵形花瓣状的苞片 2～3 枚，长 7～15 厘米，稀

达20厘米，宽3～5厘米，稀达10厘米，初淡绿色，继变为乳白色，后变为棕黄色而脱落。雄花无花萼及花瓣，有雄蕊1～7，长6～8毫米，花丝纤细，无毛，花药椭圆形，紫色；雌花或两性花具下位子房，6～10室，与花托合生，子房的顶端具退化的花被及短小的雄蕊，花柱粗壮，分成6～10枝，柱头向外平展，每室有1枚胚珠，常下垂。果实为长卵圆形核果，长3～4厘米，直径15～20毫米，紫绿色具黄色斑点，外果皮很薄，中果皮肉质，内果皮骨质具沟纹，种子3～5枚；果梗粗壮，圆柱形。花期4月，果期10月。

生长习性

珙桐喜欢生长在海拔1 500～2 200米的润湿的常绿阔叶与落叶阔叶混交林中。喜阴湿，喜中性或微酸性腐殖质深厚的土壤，不耐瘠薄，不耐干旱。

保护级别

国家一级重点保护野生植物。

主要价值

观赏：珙桐为世界著名的珍贵观赏树，为中国特有的单属植物，属孑遗植物，常植于池畔、溪旁、公园，并有和平的象征意义。

经济：材质沉重，是建筑的上等用材，可制作家具，也可作雕刻材料。

繁育技术

通常采取种子播种和扦插方式进行繁育。

129
瓣鳞花

物种简介

瓣鳞花（*Frankenia pulverulenta*）为瓣鳞花科瓣鳞花属植物。

分布生境

产新疆维吾尔自治区、甘肃省和内蒙古自治区。生于荒漠地带河流泛滥地、湖盆等低湿盐碱化土壤上。分布于欧洲南部、俄罗斯、蒙古；非洲、亚洲西南部至阿富汗、巴基斯坦和印度。

形态特征

一年生草本，高6～16厘米，平卧，茎从基部多分枝，常呈二歧状分枝，略被紧贴的白色微柔毛。叶小，通常4叶轮生，狭倒卵形或倒卵形，长2～7毫米，宽1～2.5毫米，全缘，顶端圆钝，微缺，略具短尖头，上面无毛，下面微被粉状短柔毛，基部渐狭为短叶柄；叶柄长1～2毫米。花小，多单生，稀数朵生于叶腋或小枝顶端，无梗；萼筒长约2～2.5毫米，直径约1～1.5毫米，具5纵棱脊，萼齿5，钻形，长约0.5～1毫米；花瓣5，粉红色，长圆状倒披针形或长圆状倒卵形，长3～5毫米，宽0.7～1毫米，顶端微具牙齿，中部以下逐渐狭缩，内侧附生的舌状鳞片狭长；雄蕊6，花丝基部稍合生；子房多呈长圆状卵圆形，蒴果长圆状卵形，长约2毫米，宽约1毫米，3瓣裂。种子多数，长圆状椭圆形，下部急尖，长0.5～0.7毫米，宽约0.3毫米，淡棕色。

生长习性

瓣鳞花喜生于干旱区内潮湿并轻度盐渍化的土壤上,为干旱气候环境中的耐盐植物。可在各种地形、土壤中生长。

保护级别

国家二级重点保护野生植物。

主要价值

经济:瓣鳞花茎叶表面密布有专门排放盐水的盐腺,可把从土壤中吸收的过量的盐通过分泌盐水的方式排出体外。盐水蒸腾后留下的盐结晶可直接食用。可用于改良盐碱地,或作为牧场饲草。

科研:瓣鳞花为一种古老孑遗的单种属植物,也是世界干旱区的物种,对研究中国干旱区植物区系的起源、迁移和植物地理分区,均具有极其重要的科学研究价值。

繁育技术

暂无栽培。其自然繁育方式为无性繁殖,劈裂式生长,是瓣鳞花自然更新的主要方式,或由茎部向地表发生弯曲,被地表浮沙覆盖后长出不定根和不定芽,形成新的植株。

130
秤锤树

🌱 物种简介

秤锤树(*Sinojackia xylocarpa*)是安息香科秤锤树属植物,为中国特有树种。

📍 分布生境

产江苏省,杭州、上海、武汉等有栽培。生于海拔 500～800 米林缘或疏林中。

✳ 形态特征

乔木,高达 7 米;胸径达 10 厘米;嫩枝密被星状短柔毛,灰褐色,成长后红褐色而无毛,表皮常呈纤维状脱落。叶纸质,倒卵形或椭圆形,长 3～9 厘米,宽 2～5 厘米,顶端急尖,基部楔形或近圆形,边缘具硬质锯齿,生于具花小枝基部的叶卵形而较小,长 2～5 厘米,宽 1.5～2 厘米,基部圆形或稍心形,两面除叶脉疏被星状短柔毛外,其余无毛,侧脉每边 5～7 条;叶柄长约 5 毫米。总状聚伞花序生于侧枝顶端,有花 3～5 朵;花梗柔弱而下垂,疏被星状短柔毛,长达 3 厘米;萼管倒圆锥形,高约 4 毫米,外面密被星状短柔毛,萼齿 5,少 7,披针形;花冠裂片长圆状椭圆形,顶端钝,长 8～12 毫米,宽约 6 毫米,两面均密被星状绒毛;雄蕊 10～14 枚,花丝长约 4 毫米,下部宽扁,联合成短管,疏被星状毛,花药长圆形,长约 3 毫米,无毛;花柱线形,长约 8 毫米,柱头不明显 3 裂。果实卵形,连喙长 2～2.5 厘米,宽 1～1.3 厘米,红褐色,有浅棕色的皮孔,无毛,顶端具圆锥状的喙,外果皮木质,不开裂,厚约 1 毫米,中果皮木栓质,厚约 3.5 毫米,内果皮木质,坚硬,

厚约 1 毫米;种子 1 颗,长圆状线形,长约 1 厘米,栗褐色。花期 3—4 月,果期 7—9 月。

生长习性

喜湿润,喜光,较耐寒,不耐干旱,不耐瘠薄。喜生于深厚、肥沃、湿润、排水良好的砂质壤土,pH 6 ～ 6.5。忌积水。

保护级别

国家二级重点保护野生植物。

主要价值

观赏: 秤锤树春季观花,可以点缀庭园和窗前栽植;秋季观果,果实形似秤锤,独特有趣,具有一定的观赏价值。

科研: 秤锤树为中国特有,对于研究安息香科的系统发育具有科学意义。

繁育技术

一般采取种子播种和扦插方式进行繁育。

播种: 秤锤树结实率高,种子繁殖较易。秋季采种,层积沙藏越冬,使坚硬的果皮软化,或用工具将果实尖端钳去少许,次年春季播种育苗,1 年生苗即可栽植。亦可在母树周围移植幼苗。

扦插: 插床用泥炭、珍珠岩按 1:1 配制基质;春末夏初生长季采用嫩枝扦插,剪取插条 10 厘米,下切口斜切,蘸生根粉液处理,插入基质深度为 5 厘米。插后立即浇一次透水,以补充插穗的失水,也利于穗条与土壤紧密结合。保持湿润,约 60 天可生根发芽。

131
莼 菜

物种简介

莼菜（*Brasenia schreberi*）是莼菜科莼菜属植物。

分布生境

产江苏省、浙江省、江西省、湖南省、四川省、云南省。生在池塘、河湖或沼泽。俄罗斯、日本、印度、美国、加拿大以及大洋洲东部及非洲西部均有分布。

形态特征

多年生水生草本；根状茎具叶及匍匐枝，后者在节部生根，并生具叶枝条及其他匍匐枝。叶椭圆状

矩圆形，长 3.5～6 厘米，宽 5～10 厘米，下面蓝绿色，两面无毛，从叶脉处皱缩；叶柄长 25～40 厘米，和花梗均有柔毛。花直径 1～2 厘米，暗紫色；花梗长 6～10 厘米；萼片及花瓣条形，长 1～1.5 厘米，先端圆钝；花药条形，约长 4 毫米；心皮条形，具微柔毛。坚果矩圆卵形，有 3 个或更多成熟心皮；种子 1～2，卵形。花期 6 月，果期 10—11 月。

生长习性

莼菜适应性强，喜温暖和阳光充足、水质清洁的深水环境，具有一定的耐寒性。

保护级别

国家二级重点保护野生植物。

主要价值

食用：莼菜是珍贵的野生水生蔬菜，含有酸性多糖、蛋白质、氨基酸、维生素、组胺

和微量元素等,其应用价值集中于医用价值和食用价值。莼菜的茎叶含有丰富的胶质,鲜墩细滑,与茭白、鲈鱼并称为"江南三大名菜"。

繁育技术

一般采用分株方式进行繁育。

选择土壤淤泥较厚,腐殖质含量丰富,淤泥不深的田块做苗床,施足底肥,搭好塑料棚架,选用越冬休眠芽发育而成的营养株斜插在苗床上,覆盖塑料膜。待营养株生长到一定长度后,向深处定植。

132
水　松

物种简介

水松（*Glyptostrobus pensilis*）为柏科水松属植物。为我国特有树种。

分布生境

主要分布在广东省和福建省海拔 1 000 米以下地区。四川省、广西壮族自治区及云南省也有零星分布。南京、武汉、庐山、上海、杭州等地有栽培。

形态特征

乔木，高 8～10 米，稀高达 25 米，生于湿生环境者，树干基部膨大成柱槽状，并且有伸出土面或水面的吸收根，柱槽高达 70 余厘米，干基直径达 60～120，厘米，树干有扭纹；树皮褐色或灰白色而带褐色，纵裂成不规则的长条片；枝条稀疏，大枝近平展，上部枝条斜伸；短枝从二年生枝的顶芽或多年生枝的腋芽伸出，长 8～18 厘米，冬季脱落；主枝则从多年生及二年生的顶芽伸出，冬季不脱落。叶多型：鳞形叶较厚或背腹隆起，螺旋状着生于多年生或当年生的主枝上，长约 2 毫米，有白色气孔点，冬季不脱落；条形叶两侧扁平，薄，常列成二列，先端尖，基部渐窄，长 1～3 厘米，宽 1.5～4 毫米，淡绿色，背面中脉两侧有气孔带；条状钻形叶两侧扁，背腹隆起，先端渐尖或尖钝，微向外弯，长 4～11 毫米，辐射伸展或列成三列状；条形叶及条状钻形叶均于冬季连同侧生短枝一同脱落。球果倒卵圆形，长 2～2.5 厘米，径 1.3～1.5 厘米；种鳞木质，扁平，中部的倒卵形，基部楔形，先端圆，鳞背近边缘处有 6～10 个微向外反的三角状尖齿；苞鳞与种鳞几全部合生,仅先端分离,三角状,向外反曲,位于种鳞背面的中部或中上部;种子椭圆形,稍扁,褐色,长5～7毫米,宽3～4毫米,下端有长翅,翅长4～7毫米。子叶4～5枚,条状针形,长1.2～1.6厘米,宽不及1毫米,无气孔线;初生叶条形,长约2厘米,宽1.5毫米,轮生、对生或互生,主茎有白色小点。花期1—2月,球果秋后成熟。

⚙ 生长习性

喜光,喜温暖湿润的气候及水湿的环境,耐水湿不耐低温,对土壤的适应性较强,除盐碱土之外,在其他各种土壤上均能生长,而以水分较多的冲渍土上生长最好。

🌿 保护级别

国家一级重点保护野生植物。

✏ 主要价值

观赏:树形优美,根系发达,可栽于河边、堤旁作固堤护岸和防风之用。作庭园树种观赏价值很高。

药用:枝、叶及球果入药,有祛风湿、收敛止痛的效用。

经济:木材淡红黄色,材质轻软,纹理细,耐水湿,也可作建筑、桥梁、家具等用材。

🌱 繁育技术

一般采用种子播种方式进行繁育。

水松播种宜在早春季节进行。选择阳光充足,近水源,排灌良好,肥沃的中性壤土作播种苗床。充分整地,结合翻耕清除杂草,施足基肥,撒石灰进行土壤消毒,挖好排灌沟。苗床作宽

1米、高20厘米畦,整成平床。每亩用种子9～10千克。播种前用福尔马林液喷洒种子,闷种2小时后,用清水洗净,清水浸种24小时,捞起堆放进行催芽。每天翻动种子数次并洒水,待种子露白后撒播。播后用细土覆盖至不见种子为度,再覆盖山草或松针遮阴保湿。

133
水　杉

物种简介

水杉（*Metasequoia glyptostroboides*）为柏科水杉属植物。为我国特产。

分布生境

仅分布于四川省石柱县及湖北省利川市磨刀溪、水杉坝一带及湖南省西北部龙山及桑植等地海拔 750～1 500 米、气候温和、夏秋多雨、酸性黄壤土地区。在河流两旁、湿润山坡及沟谷中栽培很多，也有少数野生树木，常与杉木、茅栗、锥栗、枫香、漆树、灯台树、响叶杨、利川润楠等树种混生。

形态特征

乔木，高达 35 米，胸径达 2.5 米；树干基部常膨大；树皮灰色、灰褐色或暗灰色，幼树裂成薄片脱落，大树裂成长条状脱落，内皮淡紫褐色；枝斜展，小枝下垂，幼树树冠尖塔形，老树树冠广圆形，枝叶稀疏；一年生枝光滑无毛，幼时绿色，后渐变成淡褐色，二、三年生枝淡褐灰色或褐灰色；侧生小枝排成羽状，长 4～15 厘米，冬季凋落；主枝上的冬芽卵圆形或椭圆形，顶端钝，长约 4 毫米，径 3 毫米，芽鳞宽卵形，先端圆或钝，长宽几相等，约 2～2.5 毫米，边缘薄而色浅，背面有纵脊。叶条形，长 0.8～2 厘米，宽 1～2 毫米，上面淡绿色，下面色较淡，沿中脉有两条较边带稍宽的淡黄色气孔带，每带有 4～8 条气孔线，叶在侧生小枝上列成二列，羽状，冬季与枝一同脱落。球果下垂，近四棱状球形或矩圆状球形,成熟前绿色,熟时深褐色,长 1.8～2.5 厘米,径 1.6～2.5 厘米,梗长 2～4 厘米,其上有交对生的条形叶;种鳞木质,盾形,通常 11～12 对,交叉对生,鳞顶扁菱形,中央有一条横槽,基部楔形,高 7～9 毫米,能育种鳞有 5～9 粒种子;种子扁平,倒卵形,间或圆形或矩圆形,周围有翅,先端有凹缺,长约 5 毫米,径 4 毫米;子叶 2 枚,条形,长 1.1～1.3 厘米,宽 1.5～2 毫米,两面中脉微隆起,上面有气孔线,下面无气孔线;初生叶条形,交叉对生,长 1～1.8 厘米,下面有气孔线。花期 2 月下旬,球果 11 月成熟。

生长习性

水杉为喜光性强的速生树种,对环境条件的适应性较强。我国各地普遍引种,已成为受欢迎的绿化树种之一。国外约 50 个国家和地区引种栽培,北达北纬 60 度,在 −47 ℃ 的低温条件下能在野外越冬生长。

保护级别

国家一级重点保护野生植物。

主要价值

观赏:水杉树型优美,适应性强,且有一定的抗盐碱能力,在沿海防护林中被大量使用,是珍贵的园林绿化和造林树种。

生态:水杉可以有效抵抗有害气体,具有绿化、净化空气、预防大气污染的生态价值。

科研:水杉的发现推翻了以往对于水杉已经灭绝,没有活体的结论,是中国现代植物学的重要成就之一,对于古植物、古气候、古地理和地质学,以及植物形态学、分类学和裸子植物系统发育的研究均有重要的意义。

经济:水杉木材质轻软,生长较快,纹理直,结构粗壮,是很好的工业原料,可供房屋板料、家具及木纤维工业使用。

繁育技术

一般采用种子播种和扦插方式进行繁育。

播种:水杉球果成熟后即采种,经过曝晒,筛出种子,干藏。翌年春季 3 月份播种。亩播种量 0.75～1.5 千克,采用条播,行距 20～25 厘米,或撒播,播后覆草不宜过厚,须经常保持土壤湿润。

扦插:水杉采用硬枝扦插和嫩枝扦插均可。硬枝扦插宜于 1 月份采条,3 月上、中旬扦插。插条长度 10～15 厘米,然后按 100 根 1 捆插在沙土中软化,保温保湿防冻,扦插前用生根粉溶液浸泡 10～20 小时。插后全光照,适时浇水、除草、松土。嫩枝扦插在 5 月下旬至 6 月上旬进行。选择半木质化嫩枝作插穗,长 14～18 厘米,保留顶梢及上部 4～5 片羽叶,插入土中 4～6 厘米,插后须遮阴,每天喷雾 3～5 次。9 月下旬后撤去阴棚,保持湿润通风。

134
罗汉松

物种简介

　　罗汉松（*Podocarpus macrophyllus*）为罗汉松科罗汉松属植物。

分布生境

　　产于江苏省、浙江省、福建省、安徽省、江西省、湖南省、四川省、云南省、贵州省、广西壮族自治区、广东省等省区，栽培于庭园作观赏树。野生的树木极少。日本也有分布。

形态特征

　　乔木，高达 20 米，胸径达 60 厘米；树皮灰色或灰褐色，浅纵裂，成薄片状脱落；枝开展或斜展，较密。叶螺旋状着生，条状披针形，微弯，长 7～12 厘米，宽 7～10 毫米，先端尖，基部楔形，上面深绿色，有光泽，中脉显著隆起，下面带白色、灰绿色或淡绿色，中脉微隆起。雄球花穗状、腋生，常 3～5 个簇生于极短的总梗上，长 3～5 厘米，基部有数枚三角状苞片；雌球花单生叶腋，有梗，基部有少数苞片。种子卵圆形，径约 1 厘米，先端圆，熟时肉质假种皮紫黑色，有白粉，种托肉质圆柱形，红色或紫红色，柄长 1～1.5 厘米。花期 4—5 月，种子 8—9 月成熟。

生长习性

　　喜温暖、湿润和半阴环境，耐寒性较差，怕水涝和强光直射，喜疏松肥沃、排水良好的沙质壤土。对土壤要求不严，盐碱土上亦能生存。

保护级别

国家二级重点保护野生植物。

主要价值

观赏：罗汉松树形优美，清雅俊逸，枝叶苍翠，是做盆景的良好材料。在别墅、庭院、寺庙、城市道路及公园中时常可见，有很高的观赏价值。

药用：罗汉松的果实及根可入药；果实可用于治疗心胃气痛、面色枯黄、气血虚等症，根皮具有活血止痛的功效，能治跌打损伤等。

经济：罗汉松作木材结构紧凑、油脂丰富，具有防潮、防锈、抗害虫功能，是建筑设备的好木材。一般用于制作家具、器具以及文具等产品，有较高的经济价值。

繁育技术

一般采用种子播种和扦插方式进行繁育。

播种：播种之前将种子用冷凉开水浸泡3天左右，使其充分的吸收水分，按照10×20厘米株行距播种。深度是以埋住种子为宜，覆盖草帘，浇透水。播种8～9天后除去草盖，适当遮阴避免曝晒。40天左右种子即可发芽。

扦插：嫩枝扦插一般在5月中下旬至7月初进行。在苗木生长旺盛季节，剪取当年生半木质化枝条，按2节至4节为一段，每段长10厘米左右，上面保留1至2片叶，下部去掉1至2片叶。扦插深度为5厘米左右。浇透水，盖上塑料薄膜，适当遮阴保湿，并注意通风。硬枝扦插一般在早春2—3月树液尚未流动的休眠阶段进行。剪取前一年完全木质化的粗壮枝条进行扦插。

135

短叶罗汉松

物种简介

短叶罗汉松（*Podocarpus chinensis*）是罗汉松科罗汉松属植物。

分布生境

原产日本。我国江苏省、浙江省、福建省、江西省、湖南省、湖北省、陕西省、四川省、云南省、贵州省、广西壮族自治区、广东省等省区均有栽培，作庭园树；北京有盆栽。

形态特征

小乔木或成灌木状，枝条向上斜展。叶短而密生，长 2.5～7 厘米，宽 3～7 毫米，先端钝或圆。种子椭圆状球形或卵圆形，长 7～8 毫米或稍长。

生长习性

喜阴湿环境，喜富含腐殖质、疏松肥沃、排水良好的微酸性土壤。

保护级别

国家二级重点保护野生植物。

主要价值

观赏：树形优美，叶色苍翠，耐修剪，已广被栽为庭园树及盆栽。

药用：根皮入药，有活血、止痛、杀虫功效。主治咳血、吐血、外用治跌打损伤、疥癣。

经济：木材结构细致、均匀，纹理直，强度大，易加工，干后不裂，是建筑和雕刻用优良木材。

🌱 繁育技术

一般采用种子播种和扦插方式进行繁育。

136
苏 铁

物种简介

苏铁（*Cycas revoluta*）为苏铁科苏铁属常绿植物。

分布生境

产于福建省、台湾地区、广东省，各地常有栽培。在福建省、广东省、广西壮族自治区、江西省、云南省、贵州省及四川省等地多栽植于庭园，江苏省、浙江省及华北各省区多栽于盆中，冬季置于温室越冬。日本南部、菲律宾和印度尼西亚也有分布。

形态特征

树干高约 2 米，稀达 8 米或更高，圆柱形如有明显螺旋状排列的菱形叶柄残痕。羽状叶从茎的顶部生出，下层的向下弯，上层的斜上伸展，整个羽状叶的轮廓呈倒卵状狭披针形，长 75～200 厘米，叶轴横切面四方状圆形，柄略成四角形，两侧有齿状刺，水平或略斜上伸展，刺长 2～3 毫米；羽状裂片有 100 对以上，条形，厚革质，坚硬，长 9～18 厘米，宽 4～6 毫米，向上斜展，边缘显著地向下反卷，上部微渐窄，先端有刺状尖头，基部窄，两侧不对称，下侧下延生长，上面深绿色有光泽，中央微凹，凹槽内有稍隆起的中脉，下面浅绿色，中脉显著隆起，两侧有疏柔毛或无毛，雄球花圆柱形，长 30～70 厘米，径 8～15 厘米，有短梗，小孢子飞叶窄楔形，长 3.5～6 厘米，顶端宽平，其两角近圆形，宽 1.7～2.5 厘米，有急尖头，尖头长约 5 毫米，直立，下部渐窄，上面近于龙骨状，下面中肋及顶端密生黄褐色或灰黄色长绒毛，花药通常 3 个聚生；大孢子叶长 14～22 厘米，

密生淡黄色或淡灰黄色绒毛，上部的顶片卵形至长卵形，边缘羽状分裂，裂片 12～18 对，条状钻形，长 2.5～6 厘米，先端有刺状尖头，胚珠 2～6 枚，生于大孢了叶柄的两侧，有绒毛。种子红褐色或橘红色，倒卵圆形或卵圆形，稍扁，长 2～4 厘米，径 1.5～3 厘米，密生灰黄色短绒毛，后渐脱落，中种皮木质，两侧有两条棱脊，上端无棱脊或棱脊不显著，顶端有尖头。花期 6—7 月，种子 10 月成熟。

⚙ 生长习性

苏铁喜暖热湿润的环境，不耐寒冷，生长甚慢，寿命约 200 年。喜光，喜铁元素，稍耐半阴。喜肥沃湿润和微酸性的土壤，也耐干旱。

保护级别

国家一级重点保护野生植物。

主要价值

观赏：苏铁树形古朴优雅，主干粗壮，坚硬如铁；羽叶洁滑光亮，四季常青，为珍贵观赏树种。南方多植于庭前阶旁及草坪内；北方宜作大型盆栽，布置庭院屋廊及厅室，殊为美观。是中国传统的观赏树种。

药用：根、果、花、叶均可入药，具祛风通络、活血止血功效。主治痢疾、胃炎、胃溃疡、高血压、神经痛等症。

繁育技术

可采取种子播种、分蘖和扦插方式进行繁育。

137
仙湖苏铁

物种简介

仙湖苏铁(*Cycas szechuanensis*),也称四川苏铁,是苏铁科苏铁属植物。

分布生境

产四川省西部峨眉山、乐山、雅安。福建省南平等地有栽培,为庭园观赏树种。

形态特征

树干圆柱形,直或弯曲,高 2～5 米。羽状叶长 1～3 米,集生于树干顶部;羽状裂片条形或披针状条形,微弯曲,厚革质,长 18～34 厘米,宽 1.2～1.4 厘米,边缘微卷曲,上部渐窄,先端渐尖,基部不等宽,两侧不对称,上侧较窄,几靠中脉,下侧较宽、下延生长,两面中脉隆起,上面深绿色,有光泽,下面绿色。大孢子叶扁平,有黄褐色或褐红色绒毛,后渐脱落,上部的顶片倒卵形或长卵形,长 9～11 厘米,宽 4.5～9 厘米,先端圆形,边缘篦齿状分裂,裂片钻形,长 2～6 厘米,粗约 3 毫米,先端具刺状长尖头,无毛,下部柄状,长 10～12 厘米,密被绒毛,下部的绒毛后渐脱落,在其中上部每边着生 2～5(多为 3～4)枚胚珠,上部的 1～3 枚胚珠的外侧常有钻形裂片生出,胚珠无毛。

生长习性

仙湖苏铁喜潮湿环境,喜微潮的土壤,耐干旱,由于它生长的速度很慢,因此一定要注意浇水量不宜过大。

保护级别

国家一级重点保护野生植物。

主要价值

观赏：仙湖苏铁株形优美、羽叶柔韧、耐阴，是珍贵的造景植物，可孤植或丛植于庭园中，也可盆栽，室外室内皆可观赏。

繁育技术

一般采用种子播种、分蘖和扦插方式进行繁育。

138
鹿角蕨

物种简介

鹿角蕨（*Platycerium wallichii*）是水龙骨科鹿角蕨属植物。

分布生境

产云南省西南部盈江县那邦坝,海拔210～950米山地雨林中。缅甸、印度东北部、泰国也有分布。

形态特征

附生植物。根状茎肉质,短而横卧,密被鳞片;鳞片淡棕色或灰白色,中间深褐色,坚硬,线形,长10毫米,宽4毫米。叶2列,二型;基生不育叶(腐殖叶)宿存,厚革质,下部肉质,厚达1厘米,上部薄,直立,无柄,贴生于树干上,长达40厘米,长宽近相等,先端截形,不整齐,3～5次叉裂,裂片近等长,圆钝或尖头,全缘,主脉两面隆起,叶脉不明显,两面疏被星状毛,初时绿色,不久枯萎,褐色。正常能育叶常成对生长,下垂,灰绿色,长25～70厘米。分裂成不等大的3枚主裂片,基部楔形,下延,近无柄,内侧裂片最大,多次分叉成狭裂片,中裂片较小,两者都能育,外侧裂片最小,不育,裂片全缘,通体被灰白色星状毛,叶脉粗而突出。孢子囊散生于主裂片第一次分叉的凹缺处以下,不到基部,初时绿色,后变黄色;隔丝灰白色,星状毛。孢子绿色。

生长习性

喜温暖阴湿环境,怕强光直射,冬季温度不低于5 ℃,土壤以疏松的腐叶土为宜,

具世代交替现象,孢子体和配子体均行独立生活。分布区为热带季风气候,炎热多雨。常附生在以毛麻楝、榕树、垂枝榕等为主体的季雨林树干和枝条上,也可附生在林缘、疏林的树干或枯立木上,以腐殖叶聚积落叶、尘土等物质作营养。

保护级别

国家二级重点保护野生植物。

主要价值

观赏:鹿角蕨株型奇特,姿态优美,是珍奇的观赏蕨类,可作为室内悬挂植物点缀客厅、窗台、书房等,别具热带情趣,是珍稀的适于室内悬挂的热带附生蕨。

繁育技术

通常采用分株方式进行繁育。

宜在早春2—3月土壤解冻后进行。此时的温度比较适宜鹿角蕨根系的恢复,又不影响其自身营养物质的吸收。把母株从花盆内取出,抖掉多余的盆土,把盘结在一起的根系尽可能地分开,用锋利的小刀把它剖开成两株或多株,分出来的每株都要带有相当的根系,另行栽植,浇一次透水。分株后的3～4周内要节制浇水,以免烂根。每天需要给叶面喷雾1～2次,并进行适当遮阴。

139
苏铁蕨

物种简介

苏铁蕨（*Brainea insignis*）为乌毛蕨科苏铁蕨属植物。

分布生境

广布于广东省及广西壮族自治区，也产于海南省、福建省南部、台湾地区及云南省。生于山坡向阳处，海拔 450～1 700 米。也广布于从印度经东南亚至菲律宾的亚洲热带地区。

形态特征

植株高达 1.5 米。主轴直立或斜上，粗约 10～15 厘米，单一或有时分叉，黑褐色，木质，坚实，顶部与叶柄基部均密被鳞片；鳞片线形，长达 3 厘米，先端钻状渐尖，边缘略具缘毛，红棕色或褐棕色，有光泽，膜质。叶簇生于主轴的顶部，略呈二形；叶柄长 10～30 厘米，粗 3～6 毫米，棕禾秆色，坚硬，光滑或下部略显粗糙；叶片椭圆披针形，长 50～100 厘米，一回羽状；羽片 30～50 对，对生或互生，线状披针形至狭披针形，先端长渐尖，基部为不对称的心脏形，近无柄，边缘有细密的锯齿，偶有少数不整齐的裂片，干后软骨质的边缘向内反卷，下部羽片略缩短，彼此相距 2～5 厘米，平展或向下反折，羽片基部略覆盖叶轴，向上的羽片密接或略疏离，斜展，中部羽片最长，达 15 厘米，宽 7～11 毫米，羽片基部紧靠叶轴；能育叶与不育叶同形，仅羽片较短较狭，彼此较疏离，边缘有时呈不规则的浅裂。叶脉两面均明显，沿主脉两侧各有 1 行三角形或多角形

网眼,网眼外的小脉分离,单一或一至二回分叉。叶革质,干后上面灰绿色或棕绿色,光滑,下面棕色,光滑或于下部(特别在主脉下部)有少数棕色披针形小鳞片;叶轴棕禾秆色,上面有纵沟,光滑。孢子囊群沿主脉两侧的小脉着生,成熟时逐渐满布于主脉两侧,最终满布于能育羽片的下面。

生长习性

生于向阳干旱的灌丛草坡,喜阳光充足与温暖气候环境和排水良好的微酸性土壤。主要靠孢子或组培繁殖。

保护级别

国家二级重点保护野生植物。

主要价值

观赏:苏铁蕨树形美观,叶色碧绿,苍老粗壮的茎干以及绯红色的嫩叶,具有较高的观赏价值。

药用:根茎入药,有清凉解毒,止血散瘀、抗茁收敛的作用,还有治感冒和止血之用。

科研:苏铁蕨是古生代泥盆纪时代的孑遗植物,是蕨类植物向裸子植物过渡的中间类型。对苏铁蕨的研究,特别是研究该物种的基因,打开它的基因库,了解为什么它能经得起地球亿万年的变迁而存活下来,并利用它的基因,对于苏铁蕨的研究有着极其重要意义。

繁育技术

一般采用孢子繁殖。

140
荷叶铁线蕨

物种简介

荷叶铁线蕨（*Adiantum nelumboides*）是凤尾蕨科铁线蕨属草本植物。是中国铁线蕨科最原始的类型,已濒临灭绝。

分布生境

特产四川省。成片生于覆有薄土的岩石上及石缝中,海拔 350 米。

形态特征

植株高 5～20 厘米。根状茎短而直立,先端密被棕色披针形鳞片和多细胞的细长柔毛。叶簇生,单叶;柄长 3～14 厘米,粗 0.5～1.5 毫米,深栗色,基部密被与根状茎上相同的鳞片和柔毛,向上直达叶柄顶端均密被棕色多细胞的长柔毛,但干后易被擦落;叶片圆形或圆肾形,直径 2～6 厘米,叶柄着生处有一或深或浅的缺刻,两侧垂耳有时扩展而彼此重叠,叶片上面围绕着叶柄着生处,形成 1～3 个同心圆圈,叶片的边缘有圆钝齿牙,能育叶由于边缘反卷成假囊群盖而齿牙不明显,叶片下面被稀疏的棕色多细胞的长柔毛。叶脉由基部向四周辐射,多回二歧分枝,两面可见。叶干后草绿色,天然枯死呈褐色,纸质或坚纸质。囊群盖圆形或近长方形,上缘平直,沿叶边分布,彼此接近或有间隔,褐色,膜质,宿存。

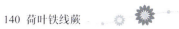

生长习性

喜中性偏碱土壤。早春发芽,7月形成孢子群,9月孢子成熟,可用分株或孢子繁殖,适生于温暖、湿润无荫的岩面薄土层、石缝或草丛中。

保护级别

国家一级重点保护野生植物。

主要价值

观赏:荷叶铁线蕨叶型奇特秀美,叶色苍翠,其茎似铁丝,如莲叶般逸静清雅,观赏性强,可于室内盆栽供观赏。

药用:全草入药,有利湿退黄、利尿通淋、清热解暑、凉血止血功效;主治黄疸型肝炎、尿路结石、泌尿系统感染、中耳炎等症。

科研:

繁育技术

一般采用分株方式进行繁育,也可采用孢子繁殖。

141

笔筒树

物种简介

笔筒树（*Sphaeropteris lepifera*）是桫椤科白桫椤属植物。

分布生境

产台湾地区。成片生林缘、路边或山坡向阳地段。海拔可达 1 500 米。在厦门、广州、深圳、香港特别行政区有引种栽培。菲律宾、日本也有分布。

形态特征

茎干高 6 米多，胸径约 15 厘米。叶柄长 16 厘米或更长，通常上面绿色，下面淡紫色，无刺，密被鳞片，有疣突；鳞片苍白色，质薄，长达 4 厘米，基部宽 2～4 毫米，先端狭渐尖，边缘全部具刚毛，狭窄的先端常常全为棕色；叶轴和羽轴禾秆色，密被显著的疣突，突头亮黑色，近 1 毫米高；最下部的羽片略缩短，最长的羽片达 80 厘米；最大的小羽片长 10～15 厘米，宽 1.5～2.2 厘米，先端尾渐尖，无柄，基部少数裂片分离，其余的几乎裂至小羽轴；主脉间隔约 3～3.5 毫米，侧脉 10～12 对，2～3 叉，裂片纸质，全缘或近于全缘，下面灰白色；羽轴下面多少被鳞片，基部的鳞片狭长，灰白色，边缘具棕色刚毛，上部的鳞片较小，具灰白色边毛，均平坦贴伏，至少在羽轴顶部具有灰白色硬毛；小羽轴及主脉下面除具有灰白色平坦的卵形至长卵形的边缘具短毛的小鳞片之外，还被有很多灰白色开展的粗长毛，小羽轴上面无毛。孢子囊群近主脉着生，无囊群盖；隔丝长过于孢子囊。

🔧 生长习性

生于阴湿地丛林中。耐阴,忌强光。以富含有机质的土地为佳。生长适温 18 ℃ ～ 28 ℃,越冬温度不要低于 5 ℃。喜疏松、排水良好的土壤。

🌿 保护级别

国家二级重点保护野生植物。

🍃 主要价值

观赏:笔筒树茎干挺拔,树姿优美,叶色鲜绿,可栽于荫棚或庭园中阴湿处作大型观赏植物,也可盆栽供室内陈设观赏。

药用:茎干和嫩心叶可入药,有清热散瘀、收敛止血、解毒消肿之功效。主治温热疫病、血积腹痛、淤血凝滞、血气胀痛、筋骨疼痛、跌打损伤、肺痨、便血、崩带等症。

🌱 繁育技术

通常采用孢子繁育。

142

黑桫椤

物种简介

黑桫椤（*Gymnosphaera podophylla*）是桫椤科黑桫椤属植物。

分布生境

产台湾地区、福建省、广东省、香港特别行政区、海南省、广西壮族自治区、云南省、贵州省。生于山坡林中、溪边灌丛。也分布于日本南部、越南、老挝、泰国及柬埔寨。

形态特征

大型蕨类，植株高 1～3 米，有短主干，或树状主干高达数米，顶部生出几片大叶。叶柄红棕色，略光亮，基部略膨大，粗糙或略有小尖刺，被褐棕色披针形厚鳞片；叶片大，长 2～3 米，一回、二回深裂以至二回羽状，沿叶轴和羽轴上面有棕色鳞片，下面粗糙；羽片互生，斜展，柄长 2.5～3 厘米，长圆状披针形，长 30～50 厘米，中部宽 10～18 厘米，顶端长渐尖，有浅锯齿；小羽片约 20 对，互生，近平展，柄长约 1.5 毫米，小羽轴相距 2～2.5 厘米，条状披针形，基部截形，宽 1.2～1.5 厘米，顶端尾状渐尖，边缘近全缘或有疏锯齿，或波状圆齿；叶脉两边均隆起，主脉斜疣，小脉 3～4 对，相邻两侧的基部一对小脉（有时下部同侧两条）顶端通常联结成三角状网眼，并向叶缘延伸出一条小脉（有时再和第二对小脉联结），叶为坚纸质，干后疣面褐绿色，下面灰绿色，两面均无毛。孢子囊群圆形，着生于小脉背面近基部处，无囊群盖，隔丝短。

生长习性

喜温暖湿润环境,生于海拔95～1 100米的山坡林中、溪边灌丛。

保护级别

国家二级重点保护野生植物。

主要价值

观赏:可以作观叶园景树。茎干挺拔,树形飒爽优雅。在风景区孤植、丛植观赏。具自然山野风情。也可作风景林。风景区自然群植。树体干后可附生气生兰。

药用:其根状茎可入药,具清热解毒、驱风湿等功效。

科研:由于桫椤科植物的古老性和孑遗性,对研究物种的形成和植物地理区系具有重要价值。

繁育技术

暂无栽培。

143

桫　椤

物种简介

桫椤（*Alsophila spinulosa*）为桫椤科桫椤属蕨类植物。

分布生境

产福建省、台湾地区、广东省、海南省、香港特别行政区、广西壮族自治区、贵州省、云南省、四川省、重庆、江西省。生于山地溪傍或疏林中，海拔 260～1 600 米。也分布于日本、越南、柬埔寨、泰国北部、缅甸、孟加拉国、不丹、尼泊尔和印度。

形态特征

茎干高达 6 米或更高，直径 10～20 厘米，上部有残存的叶柄，向下密被交织的不定根。叶螺旋状排列于茎顶端；茎段端和拳卷叶以及叶柄的基部密被鳞片和糠秕状鳞毛，鳞片暗棕色，有光泽，狭披针形，先端呈褐棕色刚毛状，两侧有窄而色淡的啮齿状薄边；叶柄长 30～50 厘米，通常棕色或上面较淡，连同叶轴和羽轴有刺状突起，背面两侧各有一条不连续的皮孔线，向上延至叶轴；叶片大，长矩圆形，长 1～2 米，宽 0.4～0.5 米，三回羽状深裂；羽片 17～20 对，互生，基部一对缩短，长约 30 厘米，中部羽片长 40～50 厘米，宽 14～18 厘米，长矩圆形，二回羽状深裂；小羽片 18～20 对，基部小羽片稍缩短，中部的长 9～12 厘米，宽 1.2～1.6 厘米，披针形，先端渐尖而有长尾，基部宽楔形，无柄或有短柄，羽状深裂；裂片 18～20 对，斜展，基部裂片稍缩短，中部的长约

7毫米,宽约4毫米,镰状披针形,短尖头,边缘有锯齿;叶脉在裂片上羽状分裂,基部下侧小脉出自中脉的基部;叶纸质,干后绿色;羽轴、小羽轴和中脉上面被糙硬毛,下面被灰白色小鳞片。孢子囊群孢生于侧脉分叉处,靠近中脉,有隔丝,囊托突起,囊群盖球形,膜质;囊群盖球形,薄膜质,外侧开裂,易破,成熟时反折覆盖于主脉上面。

生长习性

半阴性树种,喜温暖潮湿气候,喜微酸性土壤。喜生长在冲积土中或山谷溪边林下。

保护级别

国家二级重点保护野生植物。

主要价值

观赏:桫椤树冠犹如巨伞,苍劲秀美,高大挺拔,观赏价值极高。

医用:桫椤根入药,用于治疗胸部外伤咯血、风湿痹痛、风火牙痛、肺热咳嗽等症。

研究:由于桫椤科植物的古老性和孑遗性,对研究物种的形成和植物地理区系具有重要价值。

繁育技术

一般采用孢子播种方式进行繁育。

144

金毛狗

物种简介

　　金毛狗（*Cibotium barometz*）是金毛狗科金毛狗属树形蕨类植物。

分布生境

　　产云南省、贵州省、四川省南部、广东省、广西壮族自治区、福建省、台湾地区、海南省、浙江省、江西省和湖南省。生于山麓沟边及林下阴处酸性土上。印度、缅甸、泰国、印度支那、马来亚、琉球及印度尼西亚都有分布。

形态特征

　　根状茎卧生，粗大，顶端生出一丛大叶，柄长达120厘米，粗2～3厘米，棕褐色，基部被有一大丛垫状的金黄色茸毛，长逾10厘米，有光泽，上部光滑；叶片大，长达180厘米，宽约相等，广卵状三角形，三回羽状分裂；下部羽片为长圆形，长达80厘米，宽20～30厘米，有柄（长3～4厘米），互生，远离；一回小羽片长约15厘米，宽2.5厘米，互生，开展，接近，有小柄（长2～3毫米），线状披针形，长渐尖，基部圆截形，羽状深裂几达小羽轴；末回裂片线形略呈镰刀形，长1～1.4厘米，宽3毫米，尖头，开展，上部的向上斜出，边缘有浅锯齿，向先端较尖，中脉两面凸出，侧脉两面隆起，斜出，单一，但在不育羽片上分为二叉。叶几为革质或厚纸质，干后上面褐色，有光泽，下面为灰白或灰蓝色，两面光滑，或小羽轴上下两面略有短褐毛疏生；孢子囊群在每一末回能育裂片

1～5对,生于下部的小脉顶端,囊群盖坚硬,棕褐色,横长圆形,两瓣状,内瓣较外瓣小,成熟时张开如蚌壳,露出孢子囊群;孢子为三角状的四面形,透明。

生长习性

喜温暖和空气湿度较高的环境,不耐严寒,忌烈日曝晒,对土壤要求不严,在肥沃排水良好的酸性土壤中生长良好。

保护级别

国家二级重点保护野生植物。

主要价值

观赏:金毛狗株形高大,叶姿优美,四季常青,适于林下种植,也可盆栽,作为大型的室内观赏蕨类,能制成精美的盆景。

药用:根状茎入药,称金毛狗脊,具有补肝肾、强腰膝、除风湿、壮筋骨、利尿通淋等功效,茎上的茸毛有止血功效。

繁育技术

一般采用分株方式进行繁育。

分株宜在春季进行。将植株母株丛分切成2～3株,对叶片进行适当的修剪,每株需带有一定数量的不定根和叶片。切口处涂上草木灰,防止切口感染,另一方面草木灰矿物质含量高,有利于块茎生长吸收。按行株距为50×50厘米将分切好的小株浅栽入土中,以带茸毛的根状茎露出地面为宜。栽好后浇适量的水,并搭网遮阴,保持温湿阴凉的环境。早春进行分株栽培的金毛狗小植株在栽后10天左右开始萌发芽点,25天左右开始有新根萌发,栽后1个月可达展叶高峰。

145

福建观音座莲

物种简介

福建观音座莲（*Angiopteris fokiensis*）是合囊蕨科观音座莲属大形陆生蕨类植物。

分布生境

产于福建省、湖北省、贵州省、广东省、广西壮族自治区、香港特别行政区。生于林下溪沟边。

形态特征

植株高大，高1.5米以上。根状茎块状，直立，下面簇生有圆柱状的粗根。叶柄粗壮，干后褐色，长约50厘米，粗1～2.5厘米。叶片宽广，宽卵形，长与阔各60厘米以上；羽片5～7对，互生，长50～60厘米，宽14～18厘米，狭长圆形，基部不变狭，羽柄长约2～4厘米，奇数羽状；小羽片35～40对，对生或互生，平展，上部的稍斜向上，具短柄，相距1.5～2.8厘米，长7～9厘米，宽1～1.7厘米，披针形，渐尖头，基部近截形或几圆形，顶部向上微弯，下部小羽片较短，近基部的小羽片长仅3厘米或过之，顶生小羽片分离，有柄，和下面的同形，叶缘全部具有规则的浅三角形锯齿。叶脉开展，下面明显，相距不到1毫米，一般分叉，无倒行假脉。叶为草质，上面绿色，下面淡绿色，两面光滑。叶轴干后淡褐色，光滑，腹部具纵沟，羽轴基部粗约3.5毫米，顶部粗约1毫米，向顶端具狭翅，宽不到1毫米。孢子囊群棕色，长圆形，长约1毫米，距叶缘0.5～1毫米，彼此接近，由8～10个孢子囊组成。

🔧 生长习性

　　喜欢生长于阴湿的环境中,较耐寒,喜温暖,耐半阴,喜欢疏松肥沃和排水良好的腐殖土。

🌿 保护级别

国家二级重点保护野生植物。

🔖 主要价值

　　观赏:叶色苍翠美观,具有观赏价值,适合园林布置和盆栽室内观赏。

　　食用:块茎可取淀粉,曾为山区的一种粮食来源。

　　药用:根茎入药,有清热祛风、解毒消肿、调经止血的功效。主治疗肠炎、风湿关节痛等症状。

🌱 繁育技术

　　一般采用分株方式进行繁育。

收录花卉保护级别一览表

选自 2021 年版《国家重点保护野生植物名录》

中文名	学名	保护级别		备注
百合科				
青岛百合	*Lilium tsingtauense*		二级	
绿花百合	*Lilium fargesii*		二级	
荞麦叶大百合	*Cardiocrinum cathayanum*		二级	
贝母属	*Fritillaria*		二级	所有种
郁金香属	*Tulipa*		二级	所有种
兰科				
白及	*Bletilla striata*		二级	
大黄花虾脊兰	*Calanthe sieboldii*	一级		
美花卷瓣兰	*Bulbophyllum rothschildianum*		二级	
香花指甲兰	*Aerides odorata*		二级	
金线兰属	*Anoectochilus*		二级	
独花兰	*Changnienia amoena*		二级	
杜鹃兰	*Cremastra appendiculata*		二级	
春兰	*Cymbidium goeringii*		二级	
蕙兰	*Cymbidium faberi*		二级	
建兰	*Cymbidium ensifolium*		二级	
墨兰	*Cymbidium sinense*		二级	
寒兰	*Cymbidium kanran*		二级	
莲瓣兰	*Cymbidium tortisepalum*		二级	
美花兰	*Cymbidium insigne*	一级		
文山红柱兰	*Cymbidium wenshanense*	一级		
云南杓兰	*Cypripedium yunnanense*		二级	
杓兰	*Cypripedium calceolus*		二级	
扇脉杓兰	*Cypripedium japonicum*		二级	
大花杓兰	*Cypripedium macranthos*		二级	
西藏杓兰	*Cypripedium tibeticum*		二级	

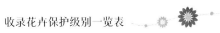

续表

中文名	学名	保护级别		备注
黄花杓兰	*Cypripedium ffavum*		二级	
台湾杓兰	*Cypripedium formosanum*		二级	
铁皮石斛	*Dendrobium offfcinale*		二级	
霍山石斛	*Dendrobium huoshanense*	一级		
金钗石斛	*Dendrobium nobile*		二级	
鼓槌石斛	*Dendrobium chrysotoxum*		二级	
曲茎石斛	*Dendrobium ffexicaule*	一级		
钩状石斛	*Dendrobium aduncum*		二级	
兜唇石斛	*Dendrobium aphyllum*		二级	
翅萼石斛	*Dendrobium cariniferum*		二级	
束花石斛	*Dendrobium chrysanthum*		二级	
玫瑰石斛	*Dendrobium crepidatum*		二级	
流苏石斛	*Dendrobium ffmbriatum*		二级	
棒节石斛	*Dendrobium ffndlayanum*		二级	又名蜂腰石斛
细叶石斛	*Dendrobium hançockii*		二级	
小黄花石斛	*Dendrobium jenkinsii*		二级	
聚石斛	*Dendrobium lindleyi*		二级	
美花石斛	*Dendrobium loddigesii*		二级	
肿节石斛	*Dendrobium pendulum*		二级	
球花石斛	*Dendrobium thyrsifforum*		二级	
翅梗石斛	*Dendrobium trigonopus*		二级	
大苞鞘石斛	*Dendrobium wardianum*		二级	
黑毛石斛	*Dendrobium williamsonii*		二级	
手参	*Gymnadenia conopsea*		二级	
西南手参	*Gymnadenia orchidis*		二级	
血叶兰	*Ludisia discolor*		二级	
杏黄兜兰	*Paphiopedilum armeniacum*	一级		
亨利兜兰	*Paphiopedilum henryanum*	一级		
小叶兜兰	*Paphiopedilum barbigerum*	一级		
紫纹兜兰	*Paphiopedilum purpuratum*	一级		
带叶兜兰	*Paphiopedilum hirsutissimum*		二级	
硬叶兜兰	*Paphiopedilum micranthum*		二级	
文山鹤顶兰	*Phaius wenshanensis*		二级	

续表

中文名	学名	保护级别		备注
罗氏蝴蝶兰	*Phalaenopsis lobbii*		二级	
麻栗坡蝴蝶兰	*Phalaenopsis malipoensis*		二级	
华西蝴蝶兰	*Phalaenopsis wilsonii*		二级	
象鼻兰	*Phalaenopsis zhejiangensis*	一级		
独蒜兰	*Pleione bulbocodioides*		二级	
火焰兰	*Renanthera coccinea*		二级	
云南火焰兰	*Renanthera imschootiana*		二级	
钻喙兰	*Rhynchostylis retusa*		二级	
大花万代兰	*Vanda coerulea*		二级	
蔷薇科				
太行花	*Taihangia rupestris*		二级	
山楂海棠	*Malus komarovii*		二级	
锡金海棠	*Malus sikkimensis*		二级	
银粉蔷薇	*Rosa anemoniffora*		二级	
小檗叶蔷薇	*Rosa berberifolia*		二级	
单瓣月季花	*Rosa chinensis* var. *spontanea*		二级	
广东蔷薇	*Rosa kwangtungensis*		二级	
亮叶月季	*Rosa lucidissima*		二级	
大花香水月季	*Rosa odorata* var. *gigantea*		二级	
中甸刺玫	*Rosa praelucens*		二级	
玫瑰	*Rosa rugosa*		二级	
芍药科				
滇牡丹	*Paeonia delavayi*		二级	
杨山牡丹	*Paeonia ostii*		二级	
紫斑牡丹	*Paeonia rockii*	一级		
白花芍药	*Paeonia sterniana*		二级	
菊科				
白菊木	*Leucomeris decora*		二级	
雪莲	*Saussurea involucrata*		二级	
杜鹃花科				
兴安杜鹃	*Rhododendron dauricum*		二级	
朱红大杜鹃	*Rhododendron griersonianum*		二级	
圆叶杜鹃	*Rhododendron williamsianum*		二级	

续表

中文名	学名	保护级别	备注
秋海棠科			
蛛网脉秋海棠	*Begonia arachnoidea*	二级	
黑峰秋海棠	*Begonia ferox*	二级	
景天科			
长白红景天	*Rhodiola angusta*	二级	
大花红景天	*Rhodiola crenulata*	二级	
云南红景天	*Rhodiola yunnanensis*	二级	
木兰科			
大叶木兰	*Lirianthe henryi*	二级	
鹅掌楸	*Liriodendron chinense*	二级	
广东含笑	*Michelia guangdongensis*	二级	
石碌含笑	*Michelia shiluensis*	二级	
小檗科			
八角莲	*Dysosma versipellis*	二级	
六角莲	*Dysosma pleiantha*	二级	
桃儿七	*Sinopodophyllum hexandrum*	二级	
野牡丹科			
虎颜花	*Tigridiopalma magniffca*	二级	
惠州虎颜花	*Tigridiopalma exalata*	二级	
忍冬科			
七子花	*Heptacodium miconioides*	二级	
匙叶甘松	*Nardostachys jatamansi*	二级	
睡莲科			
雪白睡莲	*Nymphaea candida*	二级	
蜡梅科			
夏蜡梅	*Calycanthus chinensis*	二级	
豆 科			
沙冬青	*Ammopiptanthus mongolicus*	二级	
甘草	*Glycyrrhiza uralensis*	二级	
肥荚红豆	*Ormosia fordiana*	二级	
金莲木科			
合柱金莲木	*Sauvagesia rhodoleuca*	二级	

续表

中文名	学名	保护级别		备注
千屈菜科				
毛紫薇	*Lagerstroemia villosa*		二级	
芸香科				
金豆	*Citrus japonica*		二级	又名金柑
绣球花科				
黄山梅	*Kirengeshoma palmata*		二级	
山茶科				
杜鹃红山茶	*Camellia azalea*	一级		又名杜鹃叶山茶
紫草科				
新疆紫草	*Arnebia euchroma*		二级	又名软紫草
罂粟科				
石生黄堇	*Corydalis saxicola*		二级	
久治绿绒蒿	*Meconopsis barbiseta*		二级	
红花绿绒蒿	*Meconopsis punicea*		二级	
马兜铃科				
马蹄香	*Saruma henryi*		二级	
藜芦科				
七叶一枝花	*Paris polyphylla*		二级	
棕榈科				
龙棕	*Trachycarpus nanus*		二级	
琼棕	*Chuniophoenix hainanensis*		二级	
禾本科				
中华结缕草	*Zoysia sinica*		二级	
水禾	*Hygroryza aristata*		二级	
金缕梅科				
四药门花	*Loropetalum subcordatum*		二级	
银缕梅	*haniodendron subaequale*	一级		
瑞香科				
土沉香	*Aquilaria sinensis*		二级	
蓼科				
金荞麦	*Fagopyrum dibotrys*		二级	
蓝果树科				
珙桐	*Davidia involucrata*	一级		

续表

中文名	学名	保护级别		备注
瓣鳞花科				
瓣鳞花	*Frankenia pulverulenta*		二级	
安息香科				
秤锤树	*Sinojackia xylocarpa*		二级	
莼菜科				
莼菜	*Brasenia schreberi*		二级	
柏科				
水松	*Glyptostrobus pensilis*	一级		
水杉	*Metasequoia glyptostroboides*	一级		
罗汉松科				
罗汉松	*Podocarpus macrophyllus*		二级	
短叶罗汉松	*Podocarpus chinensis*		二级	
苏铁科				
苏铁	*Cycas revoluta*	一级		
仙湖苏铁	*Cycas szechuanensis*	一级		又名四川苏铁
水龙骨科				
鹿角蕨	*Platycerium wallichii*		二级	
乌毛蕨科				
苏铁蕨	*Brainea insignis*		二级	
凤尾蕨科				
荷叶铁线蕨	*Adiantum nelumboides*	一级		
桫椤科				
笔筒树	*Sphaeropteris lepifera*		二级	
黑桫椤	*Gymnosphaera podophylla*		二级	
桫椤	*Alsophila spinulosa*		二级	
金毛狗科				
金毛狗	*Cibotium barometz*		二级	
合囊蕨科				
福建观音座莲	*Angiopteris fokiensis*		二级	

字母索引目录